国土のゆとり

「水辺緩衝空間」を活用して安全で豊かな国土を目指す

吉井厚志
みずみどり空間研究所

中西出版

目 Contents 次

はじめに

　日本においても、世界の各地においても、毎年のように自然災害による深刻な被害が発生している。洪水、土砂移動、火山噴火、海岸侵食や波浪、地震と津波など、またそれらが複合して悲惨な被害を及ぼす災害が続いている。本書の執筆中にも、国内では 2018 年の西日本豪雨、北海道胆振東部地震、2019 年の台風 19 号による災害などが相次いだ。

　また一方では、地球規模の持続可能な開発の議論が高まり、経済・社会・環境という三つの側面で統合的に努力することが提案されている。これは、2015 年 9 月 25 日の第 70 回国連総会で採択された「持続可能な開発のための 2030 アジェンダ」に表されている。このアジェンダの中には、強靱（レジリエント）かつ持続可能な世界を目指すとして、災害による被害を軽減するという意味も含まれている。

　それでは、災害被害を軽減し、持続可能な開発を目指すには、どのような努力を地域において行うべきだろうか？　行うことができるのだろうか？

　そのような疑問に対する答えを模索しながら、わたしは国土保全と環境保全に関わる仕事に携わってきた。いろいろな現場の経験から導いた大事なことの一つが、本書で主題としている「国土のゆとり」である。

　国土保全と環境保全の両方を目指すためには、「国土のゆとり」として、空間的な余裕が必要だ。空間的な余裕があれば、自然災害を引き起こすエネルギーを弱める工夫もできるし、環境保全の可能性が広がる。空間的な余裕がないところで、いくら防災施設を構築し、自然環境を保全する努力をしても、それには限界があるし、将来に禍根を残す恐れさえある。

　もちろん、対象とする自然現象の性質・頻度・強度・位置・規模を検討した上で、空間的な余裕を確保し保全することが求められる。国土保全と環境保全の議論は、ついついハード対策とソフト対策の比較や、個別の施設配置などにこだわって、部分や手段に偏った議論に陥りがちである。本書では、国土保全と環境保全の目的を明確にした上で、それに向けた手段

としての対策だけではなく、空間的な議論こそが大事だと提案する。特に、洪水氾濫原や変動の激しい扇状地上など、浸水や土砂災害による被害を頻繁に蒙る地域においては、水辺における空間的な余裕が重要な役割を果たしている。

そのことについてわたしは、1995 年に「水辺緩衝空間の保全に関する基礎的研究」と題して論文をまとめ（吉井，1996）、いろいろな現場において広めたいと考えた。国土を空間的に俯瞰し、自然豊かで変動の激しい「自然空間」と、人々が暮らす「生産・生活空間」の間にあるべき「水辺緩衝空間」の意義を強調してきた。そして、水辺緩衝空間の拡大と保全の努力を「国土のゆとり」に繋げたいと努力してきたつもりだが、理解が深まっているとは言いがたい。

一方で、水辺緩衝空間の重要性を裏付けるようなことが、いろいろな現場で現実となり、検証されつつある。石狩川流域では、氾濫原の中に広大な遊水地が建設されており、これは水辺緩衝空間の拡大ということができる。1981 年の土砂災害を契機に始まった豊平川砂防事業区域では、遊砂地などの水辺緩衝空間が整備され、2014 年の豪雨時にも災害は発生しなかった。また、1988 年から設置された戸蔦別川床固工群は、2016 年の計画規模を超える豪雨に対して、扇状地上の土砂移動現象による災害の軽減に効果を発揮した。

このような空間的な議論は、海岸地域の侵食や高波災害、地震に伴う津波災害、火山噴火に伴う災害に対応するためにも、有効と考えられる。特に、発生の時期・強度・規模が想定しにくい自然現象や、複合的に襲ってくる災害に対しては、空間的な余裕がなければ対応できない。ただし、東日本大震災で発生した津波や、北海道胆振東部地震時の大規模斜面崩壊のような大規模で激甚な災害に対しては、全てを抑え込むことは不可能であり、限界があることも認識しておくべきだろう。

また海外では、例えばオランダの「Room for the River」のように、水辺の緩衝空間に注目し活用する国家プロジェクトが進められてきた。わたしは「Room for the River」を「川にもっと空間を！」という意味だと捉えており、河川沿いの水辺緩衝空間を拡大して、国土保全と環境保全に活かす努力であると理解している。

　各地で整備された水辺緩衝空間において、いろいろな環境保全の試みが地域の方々との協働により進められている。これも、空間的な余裕があればこその試みである。水辺緩衝空間は、国土保全や環境保全について理解を深め、次世代にその重要性を伝えていく上でも活用できる。その積み重ねによって、地域の発展にも貢献していきたいと心から願っている。

1 | 世界と日本の 国土保全と環境保全

　いくら激しい自然現象が発生しても、被害を蒙る人々がいなければ、自然災害は発生しない。また、環境保全の問題は、人口が集中することによって、自然環境に対する負荷が増大したため深刻化してきた。そう考えると、地球上の人類の急増が地球環境上の大きな負担であり、危険な場所に多くの人が住むようになったため、災害が激化してきたともいえるだろう。

　世界人口は 1978 年頃に地球の持続可能な容量を超えており、2000 年にはその容量の 1.4 倍になったともいわれている。人類の地球に対する影響度をエコロジカル・フットプリントという指標で表現すると、その深刻さを理解しやすい。エコロジカル・フットプリント（1 人の人間が食べ物、水、住居、エネルギー移動、輸送、商業活動、廃棄物の吸収処理のために必要とする生産可能な土地と浅海の平均面積）は、開発途上国では 1ha だがアメリカでは 9.6ha である。世界平均では 2.1ha で、2000 年時点のテクノロジーで世界中の人が現在のアメリカの消費水準に達するには、地球があと 4 つ必要になる（エドワード O．ウィルソン，2003）。

　20 世紀には、世界各地で大都市が拡大し続け、人口が集中してきた。便利で住みやすいはずの大都市は、国土保全と環境保全の面から大きな問題をはらんでいる。そして、大都市はエネルギー面でも居住環境としても非効率ともいわれるようになった。「すでに東京、ニューヨーク、ロサンゼルス、ロンドン、パリ、ムンバイなど、20 世紀型の大都市は役に立たなくなってしまった。もはやこれ以上人を運び入れ、運び出すことはできない。東京やニューヨークの通勤 2 時間の満員電車、ロンドンのピカデリーサーカスの車の混雑、ロサンゼルスの朝夕のハイウェイの交通渋滞が示すとおりである。（ピーター F．ドラッカー，2005）」

　20 世紀的な大都市は変化を余儀なくされ、もっとコンパクトなコミュ

ニティーが分散して立地することになるのだろうか。そして、それぞれの地域内で、エネルギーや物質循環を可能な限り賄うシステムが求められる。しかし孤立した市街地が存続できるはずはなく、ネットワークでつながっていなければならない。その変化を促すきっかけとなるのは、激甚な災害であるかもしれないし、地域の人口減少による集落崩壊と地域コミュニティーの再編かもしれない。

このように、国土におけるわたしたちの住まい方が、将来変わっていくことは必然のように感じられる。それに応じて、国土保全と環境保全の両方を目指す地域からの努力を、計画的に続けなければならない。その努力は、国家規模で、あるいは国際的に、協働として、技術移転として、経済協力として、グローバルに有機的に結びつけられる必要がある。経済的に豊かな国々の独りよがりではいけないし、エネルギー多消費型の発展を目指すことには無理がある。また、地表や水域を過度に痛めつけるような地域開発や資源の浪費は避けなければならない。人口過多が諸悪の根源だからといって、人命を軽んじるわけにはいかない。限られた地球の空間と資源をうまく利用し、保全することが重要であり、段階的に持続的に理解を深め、実践していくことが求められる。

1.1 │ 世界の自然災害、衛生問題と環境問題、飢餓問題

1900 年から 2015 年までの自然災害による死者数と経済的損失については、カールスルーエ工科大学が公表しており、地球上の自然災害の深刻さを再認識させられる (Karlsruhe Institute of Technology, 2016)。20 世紀前半には、洪水によって年間数十万人から数百万人規模の死者が発生しており、1970 年代以降は年間 10 万人から 20 万人が亡くなった地震災害が特徴的である。21 世紀になっても、地震・暴風雨・洪水などの被害が続いている。

自然災害による死者数は、1930 年代の 971,000 人/年に比べて、2010〜2016 年は 72,000 人/年と著しく減少している。それは、被害を蒙りやすい

貧しい国々が経済発展し、災害対策や被害者救済が可能になったからだといわれている（Hans Rosling, 2018）。2015年までの20年間の自然災害による死者数は、約135万人と報告されており（Centre for Research on the Epidemiology of Disasters, 2016）、年平均で7万人近くが死亡したことになる。直接被害額でみると、洪水・地震・暴風雨による被害が近年急増し、1年間で1,000億ドルを超える損失が続いている。今でも自然の猛威に人々の命や財産が危険にさらされている現実に驚かされる。

　地球上の人々の死亡原因で比較すると、自然災害よりも水に関係する衛生問題に起因する死亡者数の方が圧倒的に多い。2015年の時点で、地球上の29％の人々が安全に管理された飲料水の提供を受けることができず、61％の人々が安全に管理された衛生サービスを利用できていない。安全ではない飲料水と衛生施設、および劣悪な衛生状態によって亡くなった死者数は、2016年には世界で約87万人となっている（国際連合広報センター, 2018）。

　そして、それ以上に深刻な問題は飢餓であり、2017年時点で飢餓人口は8億1,500万人とされている。2000年の飢餓人口9億人から暫時減少したことは喜ばしいが、世界人口の11％を占めるほどである。世界の飢餓による死亡者数は毎年1,000万〜2,000万人ともいわれ、2013年の分析によると5歳未満の子どもの死亡者数875,000人（全死亡者数の約12.6％）が疲労に関連した死因であり、飢餓による栄養不足が影響しているという（国連食糧農業機関 FAO, 2018）。

　また、食料不足と自然災害リスクは独立した問題ではなく、深刻な悪循環をもたらすといわれている（国連大学, 2015）。自然災害が起こることによって、被災国の食料事情が壊滅的な打撃を受け、食料不足の状況が災害時の人々の生存を脅かす。国家的、あるいは地域的な食料安全保障上の問題があると、人々は移動せざるを得なくなり、自然災害を蒙る可能性が高まる。それは、移動する人々が定住を求めても、急斜面や川岸など、災害リスクの高い土地しか残されていない場合が多いからである。

　食料生産に従事している人々の人口は、世界中で25億人といわれている。自然災害によってその人々の農地や移動ルートが破壊されると、彼ら

は生活と食料生産を存続することができなくなる。

　このように、地球上で自然災害は深刻である上に、衛生問題や環境問題によって多くの人が被害を蒙っており、人類の生存自体を脅かす飢餓問題が重くのしかかっている。アジア開発銀行によると、アジア・太平洋地域で特に問題が深刻であり、災害被害の大きい洪水氾濫原に飢餓問題・衛生問題・環境問題が集中しているという。日本としては、この分野において技術援助や経済援助を進めてきた実績が十分あり、今後もさらなる貢献をしていきたいものだ。

1.2 ｜ 自然災害が深刻な日本

　日本は自然災害がとても多い国である。日本の国土は約 387,000km² で、地球上の陸地面積の 0.25％を占めているに過ぎない。しかし、2003 年から 2012 年までに世界で起こったマグニチュード 6 以上の地震の約 20％が日本で発生している（**図 1.2.1**）。また、日本の活火山の数は、世界の約 7

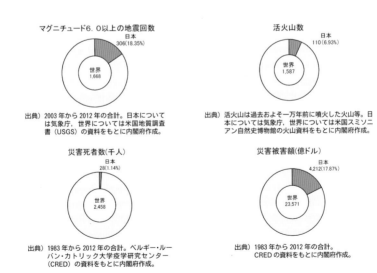

図 1.2.1　日本の自然災害の深刻さ　平成 25 年度防災白書より

％を占めている。日本の国土の大きさに比べて、地震の発生と活火山の分布が日本に集中している実態がわかる（内閣府，2013）。

　日本に地震と火山が集中しているのは、国土が四つのプレート（ユーラシアプレート、北米プレート、フィリピン海プレート、太平洋プレート）のぶつかり合ったところに位置しているからである。

　1983年から2012年までの日本における自然災害の死者数は、世界の約1％を占めている。そして、自然災害による被害額は、世界全体の約18％に及んでいる。

　1980年代以降の日本の自然災害による死者・行方不明者数を見る（**図1.2.2**）と、2011年の東日本大震災と1995年の阪神淡路大震災が突出していることがわかる（内閣府，2019）。1959年には伊勢湾台風によって5,098人が亡くなったとされており、それまでは毎年のように千人規模の死者・行方不明者が発生していた。

　1960年以降は、しばらく自然災害による死者・行方不明者が年間に千

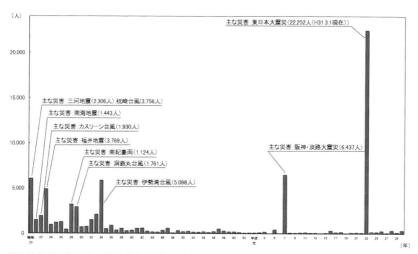

（注）平成7年死者のうち、阪神・淡路大震災の死者については、いわゆる関連死919人を含む（兵庫県資料）
　　　平成30年の死者・行方不明者は内閣府取りまとめによる速報値
出典：昭和20年は主な災害による死者・行方不明者（理科年表による）。昭和21年〜27年は日本気象災害年報、昭和28年〜37年は警察庁資料、昭和38年以降は消防庁資料を基に内閣府作成

令和元年版防災白書より

図1.2.2　日本の自然災害による死者・行方不明者数

人を超えることはなくなっていた。度重なる災害の経験から、日本国民は命を守る方法を学び、国として整備した制度や防災対策の効果が発揮されてきたようにも思われた。しかし、1995 年には阪神淡路大震災で 6,437 人、東日本大震災では 22,252 人の死者・行方不明者が記録された。日本の災害に対する備えを大きく上回る自然現象が起こったと考えるべきだろうか。

　世界的には、自然災害による死者数よりも、劣悪な衛生条件や水の問題で亡くなる方の数が圧倒的に多いことは前に述べた。洪水氾濫原などの自然災害を受けやすいところには、貧しい人々が住み、水利用、衛生状態、飢餓などの多くの問題を抱えて生きている。多くの自然災害を蒙りながら、それを乗り越えてきた日本の防災・環境保全等の技術や社会システム、住まい方などには、他の国々にも活用できる工夫が多くあるに違いない。

1.3 日本の水資源問題と食料の輸入

　衛生問題や環境問題、水の問題で困っている国々と比べると、日本の水事情は恵まれているように思える。昭和の終わりごろは水資源整備が途上であり、しばしば日本中で渇水の問題が生じたが、近年ではそれほど深刻なニュースは聞かれない。ただし、水資源は年変動が激しく、日本において平年は水余りでも、渇水の安全度は極めて低いとの指摘もある（沖, 2012）。

　日本は、多雨地帯であるモンスーンアジアの東端に位置し、年平均の降水量は約 1,718mm で、世界（陸域）の年平均降水量 1,065mm の約 1.6 倍である（国土交通省, 2019）。しかし、日本は人口密度が高いため、一人当たり年降水量は約 5,000m³ であり、世界平均の 20,000m³／人・年の 4 分の 1 程度となっている（**図 1.3.1**）。最近の傾向として、年平均降水量の変動が激しくなっており、少雨の年と多雨の年の開きが増大しているらしい。

　日本は外国で生産された農畜産物を輸入しており、その生産のために海

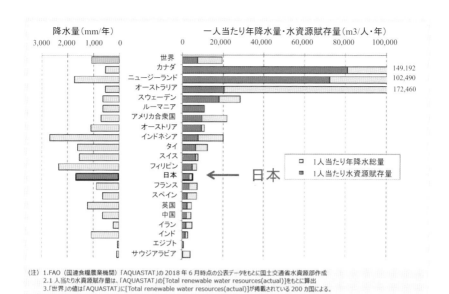

降水量（mm/年）　　　　　　一人当たり年降水量・水資源賦存量（m3/人・年）

（注）1.FAO（国連食糧農業機関）「AQUASTAT」の2018年6月時点の公表データをもとに国土交通省水資源部作成
　　　2.1人当たり水資源賦存量は、「AQUASTAT」の「Total renewable water resources(actual)」をもとに算出
　　　3.「世界」の値は「AQUASTAT」に「Total renewable water resources(actual)」が掲載されている200カ国による。

H30 日本の水資源より

図 1.3.1　日本と世界の水資源

外の水資源が利用されているとの指摘もある。そのような海外で消費された水資源を加味したバーチャルウォーター（仮想水）輸入量は、年間800億 m³ を超えている。これは東京大学生産技術研究所の研究に基づき、2005 年に環境省によって計算された数字である（**図 1.3.2**）。この量は日本全体の水資源年間使用量（799 億 m³）とほぼ同じであり、国内で使っている農業用水（540 億 m³）を大きく上回っている（国土交通省，2019）。

　しかし、食料の貿易が仮想水貿易であり、バーチャルウォーター輸入量が輸入国・輸出国の水資源の需要・供給を直接表しているわけではない（沖，2012）。一般に、食料輸出国で食料を生産するために必要な水の量は、輸入国で食料生産するために必要な水量よりも少ない。水不足地域に水を運んで食料を生産することよりも、水が利用可能な地域で食料を生産して、食料を運ぶほうが、はるかに合理的であるので、水資源と食料生産の問題は冷静に考える必要がある。

　日本の食料自給率はカロリーベースで 37％、生産額ベースで 66％と公

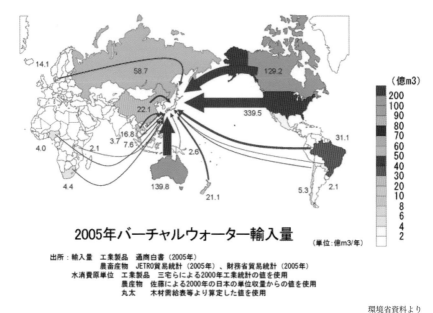

出所：輸入量　工業製品　通商白書（2005年）
　　　　　　　　農畜産物　JETRO貿易統計（2005年）、財務省貿易統計（2005年）
　　　水消費原単位　工業製品　三宅らによる2000年工業統計の値を使用
　　　　　　　　農作物　佐藤による2000年の日本の単位収量からの値を使用
　　　　　　　　丸太　木材需給表等より算定した値を使用

環境省資料より

図 1.3.2　バーチャルウォーターによる日本の水依存量推計

表されており（農林水産省，2019）、輸入している食料がバーチャルウォーター輸入量に大きく影響している。しかし、これは農業用水が足りないわけではなく、食料生産に利用できる牧草地や放牧地を含む農地が不十分なことによるらしい。そのために食料を輸入する必要があり、その分水資源に余裕があるともい える。

　一方で、日本国内における年間の食料廃棄量は、2015 年時点で約 2,842 万トンであり、このうち本来食べられるにも関わらず捨てられた食品ロスは約 646 万トンである（環境省，2018）。そして、この食品ロスは、世界中で飢餓に苦しむ人々に向けた 2017 年の食料援助量約 380 万トン（世界食糧計画，2019）を大きく上回っている。

　このように、日本は食料確保の面では海外に依存し、自立できていない。日本は災害が多い国ながら、安全で豊かで美しい国土を守ってきたことを誇りにしたい。そして、国内で豊かな水を得られることは幸せだが、海外の食料を生産するための水や農地に頼っていることを再認識すべきと考える。

1.4 | 国土保全と環境保全に関わる国際協力

　わたしたちは、食料自給率を高め、無駄を減らす努力を続けるべきだし、日本の得意分野を通じて、海外への恩返しをしていきたいものだ。特に、災害被害の軽減や基盤整備に、環境保全や衛生問題への対応も組み合わせることで、世界中に貢献することができそうだ。日本の洪水氾濫原を活用して、人命・財産や農地を守りながら、環境保全と衛生問題の解決に努力してきた経験は、世界の飢餓の問題、衛生問題にも生きるはずだ。

　わたしは、1988年から1991年まで、ESCAP/WMO台風委員会事務局の水文専門家として、東アジアの台風災害被害を軽減するための仕事に携わる機会を得た。台風委員会事務局では、毎年行われる台風委員会の企画運営と、メンバーに対する気象・水文・防災に関わる技術協力や研修などの業務に携わっていた。当時、事務局はフィリピンのマニラにあり、東アジアの各メンバーを巡る現地調査や会議が頻繁に行われた。わたしは、慣れない国際的な仕事に翻弄されていたが、各メンバーの参加者や専門家たちの多大なる支援のおかげで、貴重な経験をさせていただいた。訪れた現場では、地域の方々の温かい協力と、子どもたちの屈託のない明るい笑顔に元気づけられた記憶がある。

　台風委員会では日本の存在感が大きく、当時の建設省・国土庁、気象庁の応援態勢のもとで、活動を続けることができた。わたしは事務局に常駐する専門家として働いたが、そのほかにも気象庁から世界気象機構（WMO）、建設省からアジア太平洋経済社会委員会（ESCAP）にも専門家が派遣されていて、委員会活動を応援してくれた。各メンバー（当時は日本の他に、韓国・中国・香港・タイ・マレーシア・ラオス・カンボジア・フィリピン・北朝鮮）も日本のリーダーシップを歓迎し、日本の活動に対する期待が大きかった。

　もちろん、現在も日本の国際的な経済協力や技術協力は意欲的に進められており、海外各国から期待されている。これからも、台風委員会を通じて取り組んでいるような、防災を含む国土保全、環境保全の技術協力をさらに強化していくように願っている。

また、日本は四方が海域で囲まれており、複雑で長い海岸線と弓状列島が国土の特徴である。そのため、高波や津波災害、そして海岸侵食の被害を受けやすく、国土保全のためには海岸線を守ることも歴史的に重要であった。日本の海岸域における国土保全と環境保全の経験と技術も、国際的な貢献が期待されている分野である。

　本書では、わたしが現場で経験した日本と東アジアの国土保全と環境保全の課題とともに、特にその課題解決のカギとなる水辺緩衝空間について述べていきたい。もちろん、国土保全と環境保全の個別の技術協力も重要であるが、その基本となる、水辺緩衝空間を活かした「国土のゆとり」に焦点を当てた。そして、その議論をもとに、東アジアをはじめとする海外の国々にも貢献し、国際的な存在感を高める努力をしていきたいものだ。

〈参考文献〉

エドワード O. ウィルソン（2003）：「生命の未来」.

ピーター F. ドラッカー（2005）：テクノロジストの条件.

Karlsruhe Institute of Technology (2016): Natural Disasters since 1900, Over 8 Million Deaths and 7 Trillion US Dollars damage, Press Release 058/2016.

Centre for Research on the Epidemology of Disasters (2016): Poverty and Death: Disaster Mortality, 1996-2015.

Hans Rosling (2018): Factfulness, Ten reasons we are wrong about the world and why things are better than you think.

国際連合広報センター（2018）：持続可能な開発目標（SDGs）報告書.

国際連合食糧農業機関（2019）：2018年世界農業食料安全栄養白書.

国連大学（2015）：世界リスク報告書2015年版の主な調査結果，世界リスク指標2015年版.

内閣府（2013）：防災に関してとった措置の概況，平成25年度の防災に関する計画，第183回国会（常会）提出，（防災白書）.

内閣府（2019）：防災に関してとった措置の概況，令和元年度の防災に関する計画，第198回国会（常会）提出，（防災白書）.

沖大幹（2012）：水危機　ほんとうの話，新潮選書.

国土交通省　水管理・国土保全局　水資源部（2019）：平成30年版日本の水資源の現況.

農林水産省（2019）：日本の食料自給率.

環境省（2018）：我が国の食品廃棄物及び食品ロスの量の推計値（平成27年度）等の公

表について.

世界食糧計画（2019）:「考えよう、飢餓と食料ロスのこと。」，国連 WFP の世界食糧キャンペーン.

2 洪水災害と氾濫原管理

　日本の国土の発展は、河川の水利用と氾濫原の土地利用と合わせて進められた治水対策の恩恵を大きく受けてきた。古代農業国家が、小河川流域の水田開発を始めて現在に至るまで、流域の土地利用と河川の変貌は密接な関係を持ち続けている（本間，1990、関，1994）。

　大河川の整備による国土開発が始められたのは16世紀以降で、利根川の東遷、荒川の西遷に代表されるような大規模な治水対策が進められた。肥よくな大河川の沖積平野を水田開発し、その地域を洪水被害から守るために、大河川の整備が必要となった。木曽川流域の治水対策として、片側の堤防を強化する「御囲堤（おかこいてい）」が設けられたのもこの時期である。また、淀川流域でも、同様の目的で「文禄堤」が設けられ、対岸の築堤が制限された。このように守るべき区域を設定し、洪水を流下させる地域を決めて氾濫させる対策も取られた。

　20世紀に入ってからも大河川の整備が続けられ、さらに流域の土地利用が高度化してきた。1910年の大水害を契機として全国の河川流域で治水計画が立てられ、それに基づいて築堤、河道掘削、河道整正、蛇行部のショートカットなどの工事が進められた。関東平野では利根川の連続堤防建設が進み、東京都心の防御のため、荒川放水路が設けられた。木曽川流域では、洪水被害軽減のため、木曽川・長良川・揖斐川の三川分離が実施された。北海道でも、次節から述べるように大規模な治水対策が行われるようになった。

　日本の洪水氾濫原は、治水対策の進捗に伴い、歴史的に穀倉地帯へと変貌を遂げてきた。その過程では、防災、環境保全、衛生問題、農地拡大のバランスにも配慮されている。そして、そのバランスをとりながら発展する過程で重要な役割を果たしてきたのが、洪水氾濫原の水辺空間である。

また一方で、日本の変動の激しい国土は多様な環境をもたらしている。攪乱により裸地ができると、そこにいち早く侵入して繁茂する植生や、その空間と植生を生息地として利用する動物がいて、生物相も変化していく。変動の激しい地域では、豊かな微生物相も育まれている。それが、水辺空間の多様な生態系形成にもつながっており、環境保全上重要な意味を持つ理由である。

水辺空間を有効に活用することによって、洪水氾濫原の安全性を高め、環境保全の可能性を高めることができる。洪水などの災害を起こす自然の力を弱め、自然環境に対する人為的な影響を緩和する機能から、わたしはこのような水辺空間を水辺緩衝空間として注目した（吉井，1996）。そして、水辺緩衝空間を半永久的に保全するためには、環境林として再生していくことも提唱されている（東，1976、吉井・岡村，2015）。

2.1 | 石狩川流域の発展と洪水災害

石狩川は大雪山系の石狩岳に源を発し、上川盆地で牛朱別川、忠別川、美瑛川などの支流と合流し、神居古潭の狭窄部を下って石狩平野に入り、雨竜川、空知川、幾春別川、夕張川、千歳川、豊平川などの支流を合わせ、日本海に注いでいる（**図 2.1.1**）。その流域面積は 14,330km² におよび、利根川に次ぐ国内 2 番目の大河川である。石狩川流域には北海道全体の半分を超える約 300 万人の人口が集中し、北海道の社会・経済・文化の基盤をなしている（国土交通省，2004）。

2.1.1 石狩川流域の発展

開拓される前の石狩川流域には、大規模な洪水氾濫原が湿原地帯として広がっており、農地や住宅地としての利用は困難であった。洪水氾濫原一帯は毎年のように浸水し、地下水位が高く、人々の利用を拒んでいた。

1869 年に設けられた開拓使は、この洪水氾濫原を居住可能とするため、洪水災害を防ぎ、地下水位を低下させる治水対策に力を入れた。当時の改

国土地理院地図に加筆

北海道開発局　資料提供

図 2.1.1　石狩川流域図

修計画に貫かれている治水の基本方針は「氾濫原の安全」と、「流路の安定」であり、捷水路工事によって洪水位を下げ、連続する堤防によって氾濫を防ぐことを目指した。捷水路による河川水位の低下は、湿地の地下水位低下を促し、洪水氾濫原の有効利用の可能性を広げていった。

　開拓使としては、寒冷地域という条件から、石狩川流域における稲作に対しては消極的であり、1890 年頃までは、畑作としての開墾を中心としていた。しかし、1892 年から北海道庁として稲作を奨励するようになり、寒冷地に適合した品種改良、労働の能率化、経済的・社会的システム作りが進められた。その結果、1930 年代にかけて、水田面積は大きく拡張された（中村，1996）。

　1930〜1940 年代には、暗渠排水や泥炭地の客土などの土地改良により、石狩川氾濫原に広がる泥炭地の造田も進められた。1950 年以降、食糧増産対策とともに造田の取り組みは大規模化し、運河と呼ばれる用排兼用水

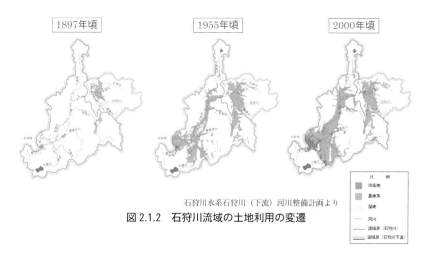

1897年頃　　　　1955年頃　　　　2000年頃

凡　例
市街地
農地等
湿地
河川
流域界（石狩川）
流域界（石狩川下流）

石狩川水系石狩川（下流）河川整備計画より
図 2.1.2　石狩川流域の土地利用の変遷

路の活用により、稲作はさらに拡大されていった。

　こうして、石狩川の洪水氾濫原は日本で最大の稲作地帯となり、流域の耕地面積全体 2,400km² の約 70％にあたる 1,600km² を水田が占めるようになった。石狩川流域は単に最大の水田地帯というだけではなく、「きらら 397」、「ほしのゆめ」、「ななつぼし」、「おぼろづき」など、全国のブランド米を凌駕する良食味品種が生産される米どころとなっている。

　石狩川洪水氾濫原は、この百数十年の間に、農地や市街地として急激に発展してきており、その土地利用の変化は、地形図上でも容易に読み取ることができる（図 2.1.2）。1897 年ごろは流域には広大な湿地が広がり、1950 年代には氾濫原全体に農地が拡大した。20 世紀後半には札幌市や旭川市などを中心に市街地が発展したことがわかる。

　石狩川洪水氾濫原の土地利用ごとに占める面積変化を表わすと、図 2.1.3 のとおりである。20 世紀初めには氾濫原の半分近くを占めていた水辺空間（おもに湿地）が、徐々に農地や市街地に姿を変え、農地は約 70％を占めるようになった。図 2.1.3 において、石狩川下流洪水氾濫原は、神居古潭から下流域の氾濫原を示しており、1896 年から 1985 年までについては 1,680km² を対象としている。その後、想定氾濫区域が見直されたため、1997 年の氾濫原全体面積は 1,460km² と狭まっている。ここでは、全体的な土地利用の変化の傾向を示すために、並べて比較した。

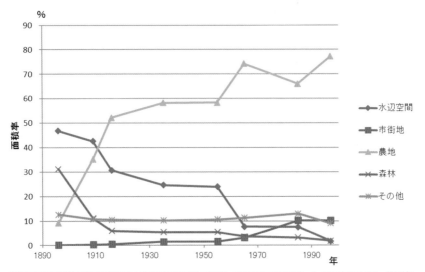

※神居古潭から下流の洪水氾濫原の土地利用変化を表しており、1985年までは1,680km²、1997年は1,460km²が対象
となっている。（想定氾濫区域の見直しによる）

図 2.1.3　石狩川下流部洪水氾濫原の土地利用変化

　石狩川流域では治水対策と農業基盤整備が進む間に何度も大洪水を経験
してきた（**表 2.1.1**）。1904 年洪水の外水による氾濫面積は約 1,300km² と
氾濫原のほぼ全域に広がる被害であったが、その後は、外水による氾濫面
積は着実に減少した。近年の洪水災害としては、1981 年洪水が最大規模
であり、石狩大橋観測流量は 11,300m³/sec を記録し、浸水面積は 614km²
にも及んだ。その後も、氾濫原の開発に伴う資産の増大のため、氾濫の規

表 2.1.1　石狩川における主な洪水被害

発生年	雨量（mm/3 日）	石狩大橋観測流量	浸水面積	被害額（H20 換算）
1898	札幌 158，旭川 163	不明	1,500km²	約 240 億円
1904	札幌 177，旭川 152	8,350m³/sec	1,300km²	約 58 億円
1961	流域平均 151	4,515m³/sec	523km²	約 344 億円
1962	流域平均 133	4,410m³/sec	661km²	約 396 億円
1975	流域平均 173	7,533m³/sec	292km²	約 547 億円
1981	流域平均 282	11,330m³/sec	614km²	約 1160 億円
1988	流域平均 123	5,759m³/sec	65km²	約 233 億円
2001	流域平均 171	6,598m³/sec	38km²	約 32 億円

模が小さくなっても経済的な被害は大きくなる傾向にある。

2.1.2　石狩川流域の治水対策

　1869年（明治2年）に札幌に開拓使が設置され、石狩川の洪水被害を軽減し、広大な石狩川の氾濫原を開拓するために大規模な治水事業が始まった。1898年（明治31年）に発生した洪水被害をきっかけとして、北海道治水調査会が設立され、その翌年1899年から岡崎文吉博士により、計画的な調査・測量が実施された。1904年（明治37年）には1898年の洪水を上回る洪水が石狩川で発生し、岡崎は推定した洪水流量（8,350m³/sec）をもとに改修計画を策定し、1909年（明治42年）に「石狩川治水計画調査報文」として報告した（岡崎, 1909）。

　1910年（明治43年）には石狩川治水事務所が設置され、石狩川の計画的な改修工事が北海道第一期拓殖計画の中で進められることになった。初代石狩川治水事務所長となった岡崎文吉博士の思想は「自然主義」とも称されており、自然に形成された河川流路を可能な限り維持し、洪水時だけ放水路に流下させることを提案した。

　しかし、1918年（大正7年）に岡崎文吉が石狩川治水事務所から内務省土木局に転任するとともに、石狩川改修工事は捷水路方式で進められることになった。これは、1917年（大正6年）に来道した内務省技監の沖野忠雄の考えに基づいており、蛇行した石狩川の流路をショートカットして直線化する方法である。沖野忠雄は、石狩川流域の泥炭湿原の農地開発のために、地下水位の低下を促す捷水路方式が望ましいと考えた。

　1918年（大正7年）に、石狩川最下流部の生振捷水路工事が始まり、1969年（昭和44年）には砂川捷水路が通水して、石狩川本川の捷水路工事が完成した（**図2.1.4**）。石狩川本川は29箇所の捷水路によって、流路延長が約60km短縮された（**写真2.1.1**）。

　石狩川の堤防工事は、滝川市街堤防（1925年完成）から始まり、深川市街堤防（1936年完成）、月形市街堤防（1937年完成）など市街地周辺から進められた。下流部では生振捷水路などの掘削土を利用して堤防工事が進められ、1939年に江別から下流部の堤防が概成したとされている。

番号	名称	捷水路km	通水年度	番号	名称	捷水路km	通水年度
1	生振	3.7	S. 6	18	砂川	3.0	S. 44
2	当別	2.8	S. 8	19	アイヌ地	1.2	S. 26
3	篠路第2	0.9	T. 10	20	菊水町	1.0	S. 22
4	篠路第1	1.6	T. 12	21	池の前	2.4	S. 16
5	対雁	2.3	S. 8	22	蛸の首	0.7	S. 14
6	巴農場	1.5	S. 13	23	江部乙第2	2.9	S. 35
7	砂浜	0.8	S. 13	24	六戸島		S. 36
8	下達布	1.5	S. 14	25	芽生	1.2	S. 28
9	宍粟	0.7	S. 17	26	稲田	0.5	S. 26
10	幌達布	0.7	S. 17	27	中島	1.0	S. 30
11	豊ヶ岡	1.9	S. 16	28	広里第3	2.3	S. 28
12	上新篠津	1.0	S. 18	29	広里第2	0.9	S. 30
13	狐森	1.1	S. 24				
14	川上	0.3	S. 24				
15	枯木	2.1	S. 15				
16	大曲	1.2	S. 30				
17	札比内	0.8	S. 31				

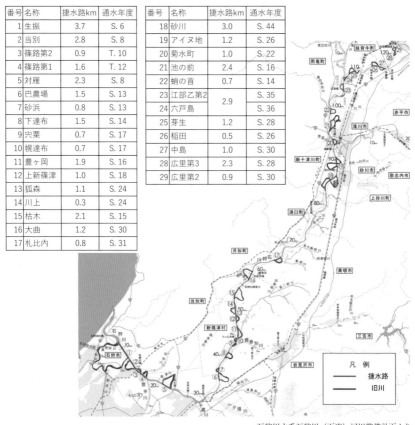

石狩川水系石狩川（下流）河川整備計画より

図 2.1.4　石狩川下流部の捷水路

　1953 年に策定された石狩川改修全体計画は、1909 年の石狩川治水計画調査報文で定められた計画洪水規模（8,350m³/sec）に基づいてまとめられた。その計画に基づき、暫定堤防の建設と河道拡幅工事が実施された。また、石狩川の支川である幾春別川には、北海道で初めての多目的ダムである桂沢ダムが 1957 年に完成した。

　その後も 1961 年（昭和 36 年）、1962 年（昭和 37 年）に大洪水が続けて石狩川流域を襲い、堤防未整備地区の解消のための工事、上流ダム群の建設、捷水路工事が進められた。この 2 回の洪水被害を蒙ったことと、

1964 年の新河川法制定を背景として、石狩川水系工事実施基本計画が見直され、河川改修の基本となる計画高水流量が 9,300m³/sec と定められた。この計画に基づいて、石狩川の支川である空知川に金山ダムが完成 (1967 年) し、前述のとおり本川最後の捷水路である砂川捷水路が通水 (1969 年) した。

1975 年（昭和 50 年）8 月、計画規模に迫る大洪水が発生し、連続堤防として概成していた石狩川本川の堤防が被災した。軟弱地盤上の堤防が沈下し、越水や堤防決壊が起こり、大規模な被害に見舞われた。これを契機に、激甚災害対策特別緊急事業として、堤防基盤の基礎処理を行い、堤防に余盛りを行い、また河道掘削や護岸工事も実施されるようになった。

1981 年（昭和 56 年）8 月には、石狩川流域で計画規模を大きく上回る

北海道開発局　資料提供

写真 2.1.1　石狩川の捷水路と河跡湖

洪水が発生し、石狩川本川と支川で堤防が決壊する大規模な被災を蒙った（**写真 2.1.2**）。この災害からの復旧・復興を迅速に行うため、1975 年災害に引き続き激甚災害対策特別緊急事業として指定され、堤防整備・河道掘削・護岸工事等が行われることになった。

1981 年洪水の流量や河道状況の変化の調査結果も踏まえ、1982 年（昭和 57 年）には石狩川水系工事実施基本計画が全面的に改訂された。この計画では、洪水の計画規模が大きく変更され、石狩大橋地点の基本高水流量が 18,000m³/sec に定められた。この流量を洪水調節施設により 4,000 m³/sec 調節し、河道は 14,000m³/sec に対応して改修される計画になった。

その後、石狩川流域ではこの計画に沿った洪水調節施設として、砂川遊水地（1995 年完成）、滝里ダム（1999 年完成）が設置されている。

北海道開発局　資料提供

写真 2.1.2　1981 年石狩川洪水による破堤氾濫

河川としての流下能力を高める対策としては、低水路掘削や浚渫工事、堤防未整備地区の解消と丘陵堤と呼ばれる頑丈な堤防整備が進められた。また、石狩川の各支川においても、洪水流下能力を高め、逆流による被害を減じるために、河道切り替え、堤防建設、新水路掘削、水門設置などが行われた。

　1975年災害、1981年洪水では、河川から洪水が溢れ出る外水被害だけではなく、市街地に降った雨が河川に流出できずに浸水する内水被害も深刻であった（**図2.1.5**）。そこで、内水を排除する滝川排水機場（1978年完成）、美登位排水機場（1987年完成）、池の前排水機場（1990年完成）、新篠津排水機場（1991年完成）などが建設された。

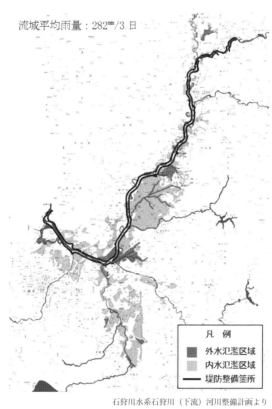

石狩川水系石狩川（下流）河川整備計画より

図2.1.5　1981年上旬石狩川洪水による氾濫

2004 年には、1997 年の河川法改正に基づき、石狩川水系河川整備基本方針が改正された。この計画では、1982 年の工事実施基本計画で定めた石狩大橋地点の基本高水流量 18,000m³/sec が踏襲され、4,000m³/sec の洪水調節が必要とされている。洪水調節施設として、夕張シューパロダム（2014 年完成）、新桂沢ダム、三笠ぽんべつダム、千歳川遊水地群、北村遊水地群が位置付けられている。

2.1.3　石狩川流域の水辺空間再生

前節まで述べてきたように、石狩川の洪水の頻度を下げて、洪水氾濫原を農業や市街地として利用するために、捷水路を始め様々な治水対策が進められてきた。その結果、石狩川流域では、中・下流域に広がっていた湿地帯が約 660km² 減少し、日本最大の水稲地帯と北海道の人口の半分以上が住む土地に変貌している。

石狩川流域を空間的に見てみると、1981 年災害までの治水対策は、洪水氾濫を起こす範囲（氾濫区域）を生産・生活空間として利用するために、ダムや捷水路などを設置し、また河道の空間を整備してきた歴史ということができる。

しかし、氾濫原全体を洪水から完全に守ることは不可能であり、計画規模以上の洪水や施設の被災などにより、被害が発生する可能性は否定できない。洪水氾濫原において土地の生産性が上がり、そこに存在する資産が増大することにより、かえって被害の規模が拡大する恐れがある。

表 2.1.1 に表した 1898 年洪水・1904 年洪水と 1981 年洪水を比較すると、治水対策の進展に伴い、洪水氾濫の規模が減少しているものの、被害額は増大していることがわかる。1981 年洪水時の 3 日間雨量と石狩大橋地点の洪水流量が、歴史上最大規模だったにもかかわらず、浸水面積は著しく減少した。それまで進められてきた捷水路などの治水工事は、氾濫規模の減少に効果があった。しかし、氾濫原に存在する財産が増加したために、被害額は最大規模を記録した。

その後、石狩川下流域の洪水氾濫原の安全性をさらに高めるため、水辺空間の一部を有効に活用する施策が進められている。1995 年に完成した

砂川遊水地はその典型的なもので、捷水路工事により石狩川本川から切り離されていた蛇行部を洪水調節に利用するための施設である。また、2007年に公表された石狩川（下流）河川整備計画の中でも、石狩川本川沿いと千歳川流域における遊水地が位置づけられている。

　このように、浸水被害を蒙りやすく、土地利用が滞っている旧川跡地などの区域は、遊水地として活用できる。洪水氾濫区域の中の危険な箇所を洪水調節に利用して、下流域の安全性を高めることが可能なのだ。一方で、治水上有効な水辺空間は、環境保全を進めるためにも活用できる。例えば砂川遊水地においても、水辺の緑づくりや水質保全対策など、いろいろな工夫が行われている。

　わたしはこのような洪水被害の軽減にも効果的で、環境保全上も有効な空間を「水辺緩衝空間」と呼び、その意義を強調してきた。そして、水辺緩衝空間に注目して流域を見直すことから、これからの洪水氾濫原管理を議論していきたいと考えている。

2.2 ｜ 釧路川流域の治水対策と環境保全

　日本の河川の中で、治水対策と豊かな自然環境が共存している例として、釧路川流域が注目されている。釧路川は流域面積 2,510km^2、幹川延長 154km の北海道第 4 番目の大河川であり、下流域には人口約 17 万人の釧路市が発展している（**図** 2.2.1、**写真** 2.2.1）。釧路市に近接して釧路川中流部には広大な釧路湿原が残されている（**図** 2.2.2）。釧路湿原はラムサール湿地（特に水鳥の生息地として国際的に重要な湿地に関する条約登録湿地）として指定され、自然環境保全の取り組みが進められている。一方で、釧路湿原という空間は、釧路川の遊水地として位置付けられ、洪水調節の働きを担っている。釧路遊水地としての機能を高めるための周囲提改築にあたっては、湿原に生息する動植物に対する影響を低減する工夫がなされ、また在来の植生を再生する試みも続けられてきた。

※釧路川水系では、岩保木水門より
上流の釧路川及び下流の新釧路川
が国管理区間であり、水門下流の
釧路川は北海道管理区間となって
いる。よって、便宜上、釧路川を
国管理区間である新釧路川及び岩
保木水門より上流の釧路川とする。

釧路川河川整備計画より

図 2.2.1　釧路川流域図

写真 2.2.1　新釧路川と釧路市街地

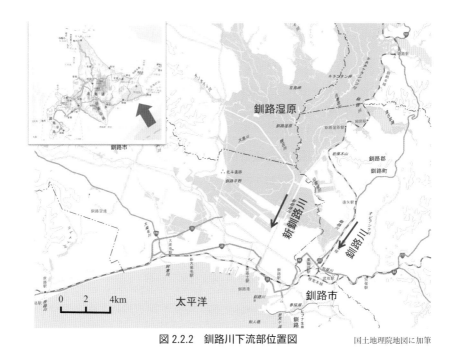

図 2.2.2　釧路川下流部位置図　　　　　　　　　　　　国土地理院地図に加筆

2.2.1　釧路川流域の土地利用変化と治水対策

　釧路川流域には人口約 21 万人が生活し、流域内最大の都市である釧路市は、道東地域の社会・経済・文化の中心地として発展してきた。この地域は、明治維新後の入植以降、稲作や畑作中心の農業が行われたが、冷害や洪水被害の経験から、酪農主体へと変化してきた。流域の開発によって、森林の伐採、農地化、市街地化が進み、山林面積が大きく減少した。2000年時点の流域の土地利用状況は、山林等が約 68%、牧草地等の農地が約21%、湿原が約 8%、市街地が 3% である。釧路川河口付近には、重要港湾である釧路港や JR 鉄道、国道の基幹交通施設、そして北海道横断自動車道が整備中であり、交通の要衝となっている。

　釧路川の治水事業は、洪水氾濫原の開発のために洪水氾濫を軽減し、地下水位を低下させるため、派川分流工事や捷水路事業を中心に始まった(国土交通省，2008)。釧路川の支川であった阿寒川では、1890 年から分流工事が始まり、1918 年には太平洋に直接注ぐ阿寒新川が通水し、完全

に釧路川と分離された。

1920年釧路川流域では既往最大の洪水により、釧路市街地を含む1万2千町歩（120km²）の氾濫が発生し、2,000戸以上の家屋が流出、浸水等の被害を受けた。これを契機に、この規模の洪水を安全に流下させるため、1921年に釧路川河口部の洪水流量を1,170m³/secとする改修計画が策定された。

1921年から、釧路川改修計画に則って、釧路市街地の西側に新釧路川の開削が始まり、1931年に新水路が完成した。また、釧路市街地堤防をはじめとする築堤工事と、支川と釧路川を結ぶ箇所の河道切替え、水路掘削工事が併せて進められた。釧路川の元の流路は、舟運利用のため、また治水効果を確保するために浚渫工事が行われた。

釧路川流域は1947年、1948年にも洪水被害を受け、1949年に改修計画が策定され、標茶地点における計画高水流量が900m³/secとなった。それに基づいて、標茶・弟子屈市街地の浸水被害を防ぐため、釧路川中・上流部の捷水路掘削、堤防工事などが実施されるようになった。

2006年に策定された釧路川水系河川整備基本方針においては、標茶地点における基本高水流量が1,200m³/sec、釧路湿原の下流にある広里地点の計画高水流量も1,200m³/secとされている。これは、1968年の工事実

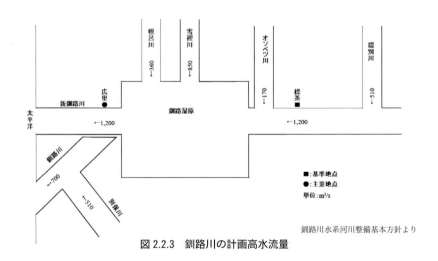

図 2.2.3　釧路川の計画高水流量

施基本計画で決められた標茶地点における計画高水流量 1,200m³/sec を
踏襲しており、1984 年の計画改定で位置づけられた釧路湿原の遊水地利
用も含まれている（**図 2.2.3**）。

2.2.2　1993 年釧路沖地震とラムサール会議

　1993 年 1 月 15 日にマグニチュード 7.8 の釧路沖地震が発生し、釧路市
は火災や家屋の倒壊、水道本管の破裂、ガス漏れなどの大きな被害を受け
た。

　釧路遊水地周囲堤も各所で亀裂、沈下、崩壊などの被災があり、その被
害の延長は 10.3km にも及んだ（**図 2.2.4**）。これを契機に、釧路川堤防で
は大規模な復旧事業が緊急に実施されることになった。

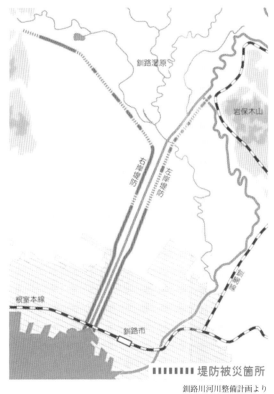

釧路川河川整備計画より

図 2.2.4　1993 年釧路沖地震による堤防被災

もともとこの周囲堤は、釧路市の市街地を洪水から守るための遊水地の機能強化のために建設されたものである。釧路川流域では、1920 年 8 月の豪雨災害以降、釧路川の洪水対策が抜本的に検討され、新水路掘削と釧路湿原の遊水地利用、そして遊水地周囲堤建設が進められていた。遊水地周囲堤は釧路湿原から新釧路川へと洪水を導く役割を果たしており、さらに湿原の水分保持にも役立つことが期待されている。

　一方で、釧路湿原は 1935 年に「釧路のタンチョウおよびその生育地」として天然記念物に指定され、1980 年にはラムサール条約湿地として登録された。また、湿原の周囲を含めた地域は、1987 年に国立公園として指定されている。

　地震の起こる前年の 1992 年から、釧路遊水地周囲堤の安定性を高めるため、丘陵堤として改築する工事が始まっていた（吉井・岡村・佐藤, 1994）。これは、従来の法面勾配 2 割 5 分から 3 割（高さ 1 に対して水平距離が 2.5〜3 で傾く斜面）を 5 割から 10 割（高さ 1 に対して水平距離 5〜10 の斜面）に広げ、軟弱地盤対策および堤防漏水、基盤漏水対策として実施するものであった。また、地震の多い釧路地域において、地震に対する安定性を増すことも期待されていた。

　丘陵堤実施にあたって、環境省からは周囲の自然環境に調和させるため、堤防斜面を在来植生で覆うことを求められた。これは、地域にあった緑地を再生して、湿原から丘陵地へと連続する生態系の保全と、釧路湿原らしい景観に適合させることを目的としている。従来堤防被覆に使われている芝は外来種であり、それが繁茂しタネを散布して、周辺植生に影響を与えることは避けるべきである。在来植生による植生導入試験は、1992 年から開発土木研究所（現在の寒地土木研究所）と北海道工業大学（現在の北海道科学大学）の共同研究として始められることになった。

　そのような中で、1993 年 1 月 15 日に釧路川堤防は地震による被害を受け、釧路川を管理している釧路開発建設部が 3 月下旬から本格的な復旧工事に着手することになった。堤防の被災箇所は、釧路湿原国立公園に含まれていることから、環境庁釧路湿原国立公園管理事務所、釧路支庁、釧路市など関係機関の協力を得ながら、環境保全にも配慮して工事を行うこと

になった。工事の最盛期である 1993 年 6 月 8〜16 日には、ラムサール会議（特に水鳥の生息地として国際的に重要な湿地に関する条約第 5 回締約国会議）が釧路で開催されることが決まっていた。

ラムサール会議には、条約加盟国の政府、NGO から環境保全に関わる人々が多く参加しており、災害復旧工事の緊急性・必要性と環境保全に対する努力をアピールする必要があった。会期中は、現地における案内板、会場でのパネル展示などにより、様々な環境保全対策が紹介された。その内容は、キタサンショウウオの生息地の保全、堤防工事現場からの土砂流出の防止、工事用道路の防塵対策、工事用機械の防音対策、そして堤防への在来植生導入試験である。

釧路遊水地は洪水と地震という国土保全上の問題に対峙しながら、環境保全上の課題解決にも取り組んできた、水辺緩衝空間の特徴的な事例ということができる。釧路湿原の乾燥化が進み、植生が変化してきているとの指摘もあり、直線化された支川の再蛇行化の試行も進められている。このような釧路川流域の水辺緩衝空間における対策の実践とその検証が、他の流域にも生かされることを期待している。

2.3 | フィリピン国マニラ周辺の洪水災害と氾濫原管理

フィリピンはアジアモンスーン地帯に位置し（**図 2.3.1**）、頻繁な台風の襲来と甚大な洪水被害に脅かされている国である。マニラ首都圏の気候は雨季と乾季の区別がはっきりしており、年間降水量 1,700〜3,000mm の80％が 5 月から 11 月の雨季に集中する。

2009 年 9 月から 10 月にかけて、フィリピン国土を 3 つの台風が通過し、激甚な水害や土砂災害が発生した。2009 年 9 月 25 日から 26 日にフィリピンを襲った台風 16 号（Ondoy オンドイ）は、強烈な豪雨により水害を引き起こし、被災者が 470 万人、死者・行方不明者が 464 人であった。それに引き続き、10 月中旬に台風 17 号（Pepeng ペペン）がルソン島北部に来襲し、台風 18 号（Sante サンテ）が再び首都圏を襲った。

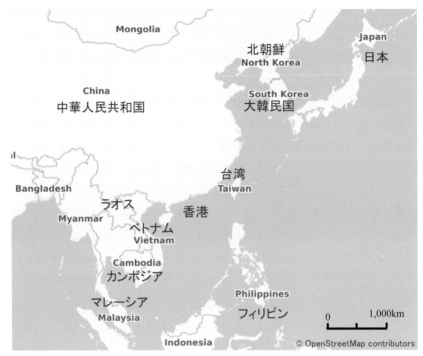

図 2.3.1　日本と東アジア

2.3.1　マニラ首都圏の概況

　マニラ首都圏（Metropolitan Manila）はルソン島南西部に位置するフィリピンの首都で、636km² の広さを持つ 4 市 13 町の集合体であり、政治的、経済的な中心となっている。マニラの人口は 1,288 万人（2015年フィリピン国勢調査）であり、その人口の多くが洪水氾濫原に住んでいる。首都圏は西側にマニラ湾、南側をラグナ湖（Laguna de Bay）に接し、雨季には頻繁な洪水被害が発生している。

　マニラ首都圏北東部のシェラマドレ山脈に源を発したマリキナ川は、氾濫原を蛇行しながら南流し、パシグ川に合流する。この合流地点上流のマリキナ川左岸にはロザリオ水門が設置されており、洪水流はマンガハン放水路を通じてラグナ湖に放流される。パシグ川はラグナ湖の唯一の流出河川で、ナピンダン水路を通じてマリキナ川の下流部で合流し、マニラの市

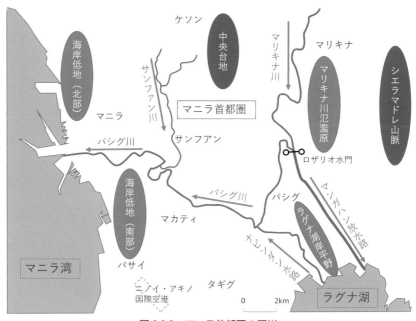

図 2.3.2　マニラ首都圏の河川

街地を東西に貫流し、マニラ湾に注いでいる（**図 2.3.2**）。パシグ川とマリキナ川の流域面積はラグナ湖と合わせて 4,678km² である。ラグナ湖はフィリピン最大の湖水面積（900km²）を持つ汽水湖で、その集水面積は 3,820km² であり、パシグ・マリキナ川流域の 8 割を占めている。

　2009 年 9 月 25 日から 26 日にかけて、台風 16 号（オンドイ）がフィリピン、ルソン島の南西部を襲い、マニラ首都圏において甚大な洪水被害をもたらした。この台風の豪雨は 100 年から 150 年確率降雨の規模に相当するといわれ、マニラ首都圏の 872,097 人が被災し、241 人の死亡が報告されている（Sato and Nakasu, 2011）。

2.3.2　マニラ首都圏の洪水氾濫原

　マニラ首都圏の洪水氾濫原は、大まかにマリキナ川氾濫原、中央台地を開析する谷底平野、海岸低地（北部・南部）、ラグナ湖岸平野、の 4 つに分けられる（**図 2.3.2**）（Sato and Nakasu, 2011）。マリキナ川氾濫原は

マリキナ川沿いの標高 5〜30m の沖積平野で、標高数 m ほどのラグナ湖の湖岸平野に続いている。中央台地を横断するパシグ川とその支川であるサンファン川沿いには「中央台地を開析する谷底平野」と呼ばれる低地があり、この 2 河川による洪水災害が頻発している。パシグ川下流部に広がる標高 3m 以下の海岸低地では、特に洪水氾濫が深刻であり、排水不良もその一因とされている。

　マリキナ川氾濫原では、マリキナ川の流下能力不足のため、溢水氾濫など洪水災害が頻発している。マリキナ川の現河道の流下能力は 1,500〜1,800m³/sec 程度で、計画規模（2,600〜2,900m³/sec）にはるかに及ばず、ハザードマップ上でも浸水域の広さが目立っている（**図 2.3.3**）。

図 2.3.3　マニラ首都圏洪水ハザードマップ

2009年の台風16号（オンドイ）時には、マリキナ川の流下能力の2倍ほどの洪水流量が襲い、複数の箇所で7m以上の水深で浸水した。また、急激な洪水流出により、3時間のうちに河川水位が3mも上昇し、浸水区域が大きく広がったといわれている。この地域には中小規模の工場が立地しており、洪水とともに汚染物質が流出し、衛生問題や環境問題を引き起こしたことも報告されている。

　また台風16号（オンドイ）襲来時に、サンファン川沿いの中央台地を開析する谷底平野でも、中小河川からの急激な洪水流出により外水氾濫が引き起こされた。この地域にあるサイエンスガーデンの雨量計によると、時間雨量92mm、24時間雨量455mmの豪雨が記録されている。

　都市区域を流れるパシグ川は十分な河道断面を持たず、洪水による溢水氾濫被害が頻発しており、その両岸部の都市化は著しく、空間的な余裕がない（**写真2.3.1**）。1991年時点で、洪水を安全に流すための引き堤、堤防のかさ上げなどの抜本的な治水対策は現実的ではないとされていた。その後も抜本的な対策は施されず、洪水被害の危険度が高い氾濫原に、首都圏の人口と財産が集中している。

写真2.3.1　パシグ川（1989年）

2.3.3 洪水氾濫原の発展と被害ポテンシャルの増大

　マニラ首都圏では、依然として人口が増大し都市域の拡大が続いている。土地利用の変化は、水文環境の変化や洪水流出の集中や増大を引き起こし、洪水被害の激甚化や大規模化につながる。これは、アジアモンスーンの洪水氾濫原共通の問題であり、洪水氾濫原の開発によって、さらに被災を受けやすい人々や財産も増加するといった悪循環を呈している。

　1966年ごろには、ラグナ湖岸平野に海抜4〜7mほどの自然堤防があり、高位湖岸段丘面に住宅地が立地していた。その後、水はけの悪い後背湿地に盛土をして住宅地が拡大する開発が行われた。1986年には海抜2〜4mの低位湖岸段丘面、1996年には海抜2m以下の湖岸低地、さらに湖岸沿いの湖成デルタにまで住宅地が及んだとされている（**写真2.3.2**）（佐藤, 2009）。

　また、このような洪水氾濫原では排水不良地域が多く、浸水被害の長期化とともに、環境汚染や災害後の感染症の爆発的な増加の問題も指摘されている。排水不良の原因は、排水路へのゴミの投棄や不法占拠者の住居な

ラグナ湖

写真 2.3.2　ラグナ湖の周辺地域の発展（1989年）

写真 2.3.3　排水路上の住居（1989 年）

ど（**写真 2.3.3**）による排水能力の低下も影響している。マニラ湾岸の内水排除のための都市排水路は 10 年に 1 度規模の降雨を対象に計画されているが、2 年から 5 年規模の確率降雨の規模にしか対応できない状況にある。

2.3.4　マニラ首都圏の洪水被害軽減対策と日本の援助

　マニラ首都圏の洪水対策として効果を発揮しているのは、マンガハン放水路である。マンガハン放水路は、100 年に 1 回の確率降雨を計画規模として設計されており、2,400m³/sec の流下能力を持っている。マリキナ川を流下する洪水の約 70％をロザリオ水門からマンガハン放水路を通じてラグナ湖に導き、マリキナ川から繋がるパシグ川の洪水氾濫を防ぐ機能を持っている。パシグ川はマニラ首都圏の人口稠密な地域を貫流する河川であり、流下能力が不十分なために、マンガハン放水路による洪水分派が必要とされている。

　ラグナ湖は水面の面積が 900km² と広大であるため、大量の洪水が流入

しても水位上昇は比較的小さくて済む。洪水が収まり、パシグ川の水位が低下した後に、ナピンダン水路を通じてラグナ湖に貯留した洪水を流下させることとしている。

パシグ川とマリキナ川の河道は 30 年に 1 度の確率降雨を対象として計画されているが、流下容量が不足している（**図 2.3.4**）。パシグ川の河道計画は、中流部で 500〜600m³/sec、下流部で 1,200m³/sec、マリキナ川の計画流量は 2,600〜2,900m³/sec であり、そのうちの 2,400m³/sec はマンガハン放水路で放流することができる。マリキナ川からの計画流量 2,600〜2,900m³/sec に対して、その下流部マニラ首都圏を貫流するパシグ川は、計画上 500〜1,200m³/sec しか流すことができないので、その流下不足分をマンガハン放水路が担っている。

台風 16 号（オンドイ）襲来の際には、マンガハン放水路に 3,000m³/sec の洪水が流下したと記録されている。そのおかげで、下流のパシグ川は部分的な溢水氾濫で治めることができ、河川に自然流下できずに溜まった内

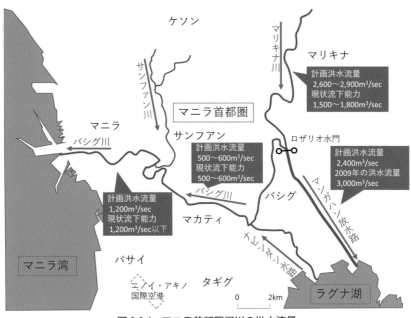

図 2.3.4　マニラ首都圏河川の洪水流量

42

水は、排水機場による継続的な内水排除が可能であった（SATO and NAKASU, 2011）。

マンガハン放水路の西側に広がるラグナ湖岸平野は、ラグナ湖の水位上昇により頻繁に浸水被害を受ける地域であり、被害軽減対策が行われている。対策工法としては、9km に及ぶ湖岸堤とそれに伴う 4 箇所の排水機場などであり、日本の支援で建設された。このような内水対策の施設により、2009 年の台風 16 号（オンドイ）時の洪水時にも、内水氾濫の期間を短縮することができた。

日本政府は 1970 年代からマニラ首都圏の洪水対策について支援を行っており、今後とも地域の状況に応じた技術協力が求められている。マニラ首都圏では、人口の増加と流域の発展により、上述したような洪水被害増大の悪循環に陥っている。洪水氾濫原における貧しい人々の不法居住やゴミの廃棄は、洪水調節や排水施設の機能にさらに悪影響を及ぼしている。このような悪循環から脱するためには、社会学的・経済学的な面を含めた学際的で総合的な議論に基づき、関係機関が連携して対応していく必要がある（吉井・岩切，1993、SATO and NAKASU, 2011）。

上述のとおり、マニラ首都圏は浸水被害が頻発する洪水氾濫原に位置しており、十分な水辺緩衝空間が確保できず、それを補うためラグナ湖を洪水調節に利用している。そのような洪水氾濫原の厳しい状況のため、洪水被害が後を絶たず、衛生上、環境保全上の問題も深刻になっている。

2.4　ベトナム国ハノイ周辺の洪水災害と保全対策

ベトナムには北部の紅河デルタと南部のメコン川デルタという 2 つの大きなデルタ地帯が広がっている（**図 2.4.1**）。この 2 つのデルタは、土壌の豊かさと灌漑施設の整備によって、稲作の 2 大生産地となっている。紅河デルタは、ベトナムの首都ハノイを中心とする地域で、国土の 6.4% の面積を占めており、22.8% の人口が集中している（田中，2018）。

紅河デルタの気候は、湿潤な熱帯性であり、モンスーンの影響を強く受

図 2.4.1　ベトナム位置図

けている。年間の降雨量は 1,600〜1,800mm で、そのおおよそ 80％の降水量が、寒く乾燥した気候から暑く湿潤な気候に変化する 4 月以降の雨季に集中する。紅河は、短期間に集中する豪雨と高潮によって洪水被害が頻発しており、とても危険な河川と位置付けられている（Sophie Devienne, 2006）。

　ベトナムの首都ハノイの旧市街地は紅河の右岸側の自然堤防上に立地し、紅河とその支川・派川に囲まれて発展してきた。紅河は中国からベトナムに流れ、トンキン湾に注ぐ、流域面積約 169,000km^2 の国際河川である。ハノイ首都圏は旧市街地の輪中を中心に広がり（2,139km^2）、紅河は首都圏を北西から東南に向けて貫流している（**図 2.4.2**）。ハノイの中心都市区域 40km^2 のうち 10％は洪水氾濫原にあるとされ、氾濫原や堤外地に住宅などの建築物が拡大してきた。

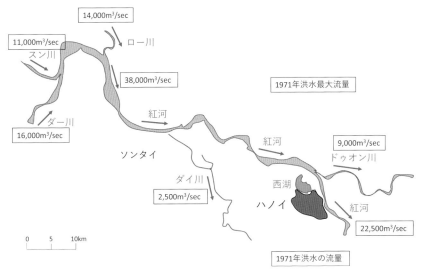

図 2.4.2　ハノイと紅河位置図

2.4.1　紅河の洪水と治水対策

　紅河はハノイ地点で最低水位が海水面より 2.5m 高い程度であるが、洪水時には水位が標高 11.5m から 13m にまで上昇するといわれている。自然堤防の高さはおおむね 7m 程度であり、毎年のように紅河の水位がこれを越えるために、浸水被害を頻繁に受けてきた。

　紅河流域の築堤の歴史は、紀元前 200 年にも遡るともいわれ、ハノイ近傍では 9 世紀にすでに高さ 6m の堤防が築かれ、1108 年には 150km の連続堤防が建設されていたとの記録がある。そして 14 世紀には、旧市街地東側にハノイ大堤防が建設された（春山, 2004）。ハノイ大堤防によって紅河本川の洪水からハノイ市街を守り、紅河とその派川を切り離すことにより洪水被害軽減の努力が行なわれてきた。

　紅河デルタ全域にわたる洪水は、20 世紀に 26 回記録されている。1915年洪水では、ハノイ首都圏上流の紅河右岸堤防の決壊によりハノイ西側のハドン輪中が水没し、水田の 96％が長期湛水し、生産障害を起こした（春山・船引・Le, V. T., 2003）。1937 年からこのような洪水被害を防ぐため、ハノイの上流で紅河から分流する派川のダイ川を放水路として利用

することが決められた。しかし、その後も洪水被害は後を絶たず、既往最大洪水である 1971 年洪水では、10 万人が死亡し、4 億 5 千万円の損害があったと報告されている（Sai Hon Anh, ほか, 2017）。

　紅河の流域では、政府と地域の方々により、きめ細やかな河川管理が行われている。堤防上には 1km ごとに堤防を監視し管理するための小屋が設けられ、雨季には監視員が常駐することになっている（**写真 2.4.1**）。また、河岸侵食を防ぐために石による護岸などの工夫も行われている。

　紅河の支川には、洪水調節のため、総洪水調節容量 85 億m³ の 4 つの多目的ダムの貯水池が設けられている。ダー川にはソン・ラ（Son La）ダムとホア・ビン（Hoa Binh）ダムが、ロー（Lo）川にはテュエン・クアン（Tuyen Quang）ダムとタク・バ（Thac Ba）ダムがそれぞれ完成している。多目的ダムの洪水調節により、ハノイ地点の計画上の洪水流量は 38,000m³/sec から 23,000m³/sec に低減され、水位は 14.6m から 13m に低下させることができる（春山, 2004）。

　このように、紅河の治水対策ではハノイの市街地を守るため、上流の貯

写真 2.4.1　紅河の堤防（1989 年）

水池や他の河川流域、周囲の区域が洪水調節のために利用されている（**図 2.4.2**）。すなわち、上流で貯水し、洪水を他の流域に流し、周辺区域を遊水地として利用するなどの方法である。1971 年洪水の際には、紅河のハノイ上流の最大流量が 38,000m³/sec であったが、ダイ川に 2,500m³/sec、ドゥオン川に 9,000m³/sec 分流することにより、ハノイの洪水被害が軽減された。しかし、周辺の遊水空間として保全されるべき区域が、住宅地や商工業地として開発されつつあり、洪水被害拡大の危険性も指摘されている。

2.4.2　ダイ川の洪水放流システム

紅河の派川であるダイ川（Day River）は、ハノイの上流 35km 地点から分かれている流域で、上述したように重要な洪水調節システムである。ダイ川への洪水放流は、紅河ハノイ地点の洪水位を低下させる最終手段と

写真 2.4.2　紅河右岸に設けられたダイ川可動堰（Van Coc Gate）
(2017 年撮影、在ベトナム日本大使館より)

して機能する。2011年時点で、紅河のハノイ地点と紅河デルタの洪水防御のレベルは500年に1度の洪水規模に対応するとされ、ダイ川洪水放流システムは50年から100年に1度機能することになっている（Nguen Mai Dangほか，2011）。ダイ川流域に洪水を放流することにより、紅河デルタに住む1,856万人が守られる計画である。

　紅河とダイ川の分流地点には、Van Coc Gate（**写真2.4.2**）とHat Mon越流堰が設けられ、放流された洪水はVan Coc調整池に流入する。そして、Van Coc調整池末端にあるダイダム堰からダイ川へと放流される。ダイダム堰は、1934年から1937年に建設され、1975年に改修された（船引，2011）。Van Coc Gateは1968年に建設され、1971年洪水時に稼働したが、それ以降は開門されたことはない。

　ダイ川の放流区域は、Van Coc調整池がある上流区域（Head Zone）、中流区域（Middle Zone）、下流区域（Tail Zone）の3つに分けられている（**図2.4.4**）。上流区域は紅河からの洪水の際には、流速が早く、水位

図2.4.4　ダイ川放水路位置図

上昇が急激で、構造物周りの侵食が激しい危険な状況になる。中流区域は広大な洪水貯留地域であり、1か月から2か月の間浸水する。この浸水により、水質汚濁と水関連疾患の恐れが大きい地域ともいわれている。また、下流区域は紅河からの洪水というよりは、ダイ川とホアン・ロン川の内水氾濫水と3年から5年に1回起こる堤防決壊に備えるための区域である。2007年10月上旬にもこの区域で洪水氾濫が起こっており、2か月にもわたって浸水被害が続いたと報じられている（Nguen Mai Dang ほか，2011）。

ダイ川による洪水調節は、紅河のハノイ地点の水位が海抜13.40mに近づき、上流域の洪水の継続が予測され、貯水地が満水の時に行なわれる。ダイ川放水路には最大5,000m³/sec の放流が計画されている。1939年から1985年まで過去10回の放流が記録されているが、それ以降は1989年にダー川のホア・ビンダムにより巨大な洪水調節用貯水池が完成したこともあり、放流は行われていない（Nguen Mai Dang ほか，2011）。

1971年洪水時には、8月20日午前5時から26日午後11時までダイ川可動堰（Van Coc Gate）が開放されたが、23日まで紅河の水位は13.21mで継続し、3箇所が破堤し、農地148,000ha が冠水した。ダイ川放水路からの洪水放流によって、ダイダムから下流23km の間で、氾濫域における横断形状の拡幅と減勢効果により、洪水流が徐々に弱まった。その下流域では、他の河川の洪水の逆流や潮位の影響（下流部約40km）を受けて、洪水被害が拡大した。この洪水で、ダイ川の洪水氾濫原と洪水低減に役立った地域の浸水水位は約3.5mで、平均にして5日間の氾濫が生じた。

1971年洪水時のダイ川への放流と堤防決壊によって、14.75mを超える恐れのあったハノイ地点の洪水位は14.10mに抑えられた。そして、洪水流量は約24,000m³/sec から22,000m³/sec に低減されたといわれている（Nguyen Le Tuan and Satoru Sugio, 2001）。

上流域の多目的ダムの整備により、洪水被害のリスクが減ったことは喜ばしいことだが、一方で洪水に対する関心が薄れたことが指摘されている（Nguen Mai Dang ほか，2011）。また、ダイ川から放流される区域の人

口と財産の増加が目立ち、土地利用が大きく変化している。

　上述のように、ハノイ地点の紅河の洪水位が上昇し、ハノイ首都圏を守り切れないと判断されると、ダイ川放水路に洪水の一部を流下させ、ダイ川流域の広大な区域が遊水地として利用される計画である。遊水地として利用される面積は、ダイ川流域 72km²、ヌエ川流域 62km²、合わせて134km² とされている（春山ほか，2003）。春山は、「自然環境立地的な洪水許容でハノイ首都圏での洪水は軽減されているが、一方、ダイ川右岸では洪水氾濫が長期化し、また、首都圏の西側への拡大、土地利用変化は治水バッファーゾーンを減少させて内水氾濫期間が長引いている」と警鐘を鳴らしている。

2.4.3　ハノイの衛生問題と環境保全

　ハノイにおいても、排水問題は深刻である。特にハノイの輪中堤に囲まれた区域は、雨季に紅河の水位が上昇すると輪中内が浸水し、その衛生上、環境上の問題が指摘されていた（United Nations, 1990、**写真 2.4.3**）。また、排水ポンプの整備も不十分であり、雨季には排水路に投棄されるゴミにより、排水機能が果たせない場合が多いと指摘されていた。

　また、堤外地に都市区域が拡大しつつあり、生活空間としての環境条件も悪化している。輪中に囲まれた限られた空間の中においても人口が急増し、排水施設の整備が追いついていない。そして、急増する人口は輪中内で収容できなくなり、その周囲の堤外地にも生産、生活空間が侵食している状況にあった。

　1990 年代、国際連合はハノイの直面している環境上の問題として、水質と森林破壊について警告を発していた（Asahi Evening News, 1994）。それによると、不適切な水道設備と排水システムが飲料水の水質に影響を与え、それがコレラの蔓延を招き、一方では毎年 1,500km² の天然林が減少したとされている。

　ベトナム水資源省によると、1969 年以前は水源地域が豊かな森林に覆われていたが、1970 年代には森林破壊が進み、流域の流出条件が変化し、流域環境に対する影響も懸念されていた。1991 年時点で、ベトナム全土

写真 2.4.3　ハノイの排水路（1989 年）

　の森林面積は 25% と低く（FAO, 1991）その保全と復元が望まれていた。その後、森林省と一般市民により植林が進められ、ベトナムの森林面積率は著しく上昇し、2007 年時点で 39% となっている（Forest Department, FAO, 2010)。

　日本政府としては、ハノイ市に深刻な人的・経済的損失をもたらす洪水氾濫や、周辺河川と湖沼の水質悪化を軽減させるため、技術協力を実施してきた。1995 年には、JICA（現在の独立行政法人国際協力機構）により、「ハノイ市排水下水整備計画」が策定され、円借款によるハノイ市内の排水路、湖沼および河川の改修・浚渫、調整池・ポンプ場および下水処理施設の建設が進められた。

　1990 年代のハノイの排水・下水施設は、総延長 120km のうち 80km は1954 年以前に造られたものであり、老朽化と維持管理の不備により、流下能力の低下が進んでいた。ハノイ市街地の排水不良や中小河川の氾濫により、市内の大部分が冠水する洪水は 4〜5 年に 1 度、小規模な冠水は毎年起こっていた。また、ハノイ市には下水処理施設がなく、水質問題も深

刻であった。このため、ハノイ市市街地周辺では、河川・湖沼の水質悪化による経済的損失も甚大であり、既存の排水・下水施設の改善は緊急の課題であった（JICA, 2009）。

　2009年から2010年に行われた合同事後評価では、ハノイ市の排水システムは格段に改善したものの、依然として浸水が長期化していると指摘されている。総合的で大規模な排水システム整備が遅れており、深刻な浸水氾濫が起こっている場所もある。さらに、ハノイ市では人口増加と都市化の進展・市街地の拡大により、排水・下水量も増加し、それに応じた排水システムの整備は十分ではない。

　このように、紅河流域では、ハノイや周辺の農地を洪水災害から守るために様々な対策が営々と進められてきた。しかし、ハノイ首都圏には空間的な余裕が不十分で、ダイ川流域など他の空間に頼らざるを得ない状況にある。また、洪水氾濫原の空間的な制限もあって、環境保全や排水などの衛生問題も深刻である。

2.5 ラオス国ビエンチャン周辺の洪水災害と保全対策

　ラオスの首都ビエンチャンは、メコン川の河口から約1,550km上った中流左岸に位置し、メコン川の水の恵みとともに、深刻な洪水被害を受けてきた。メコン川は中国チベット地方に源を発し、ミャンマー、ラオス、タイを流れ、カンボジア、ベトナムを経て南シナ海へ注ぐ、流域延長4,800km、流域面積約800,000km^{2}の大河川である（**図2.5.1**）。

　ビエンチャン市はビエンチャン平原の約2,965km^{2}を占め、メコン川の自然堤防とそれに続く後背湿地に広がっている。その後背湿地は主に水田として利用され、また洪水時には遊水地として、乾季には灌漑用水の供給のために機能することが期待されており、排水路兼用水路でメコン川とつながっている。

　ビエンチャンにおけるメコン川の深刻な洪水被害の原因として、本川の洪水による堤防越流、支川の洪水氾濫、地域的な豪雨による内水氾濫など

中国

タイ

ラオス

Hanoi

Vientiane

カンボジア

Bangkok

ベトナム

Phnom Penh

Mekong River Committee, Annual Report 2017 より

図 2.5.1　メコン川流域図

　があげられる。洪水被害を軽減するため、メコン川上流域の洪水調節ダム、本川と支川の堤防整備、ビエンチャン市の排水施設の整備などが求められている。1990 年代には、ビエンチャンの直上流部のパモンプロジェクトなど、多目的ダム建設が計画されていたが、いまだに実現していない。

　メコン川の堤防は歴史的に整備が続けられてきたが、充分な高さや幅、強度は確保されておらず、屈曲しているため、洪水流下時に侵食・溢水などの恐れのある箇所も見られた。その上、堤防の両側法面に住居が貼り付いているところもあり、管理上の問題も大きい（**写真 2.5.1**）。メコン川の河岸侵食が激しく（**写真 2.5.2**）、対岸のタイよりもラオス側の国土が毎年削られているという報告もある（United Nations, 1990）。内水氾濫を軽減するための排水路整備も検討されており（JICA, 1989）、ビエンチャン

堤防天端

写真 2.5.1　ビエンチャン近郊のメコン川堤防（1989 年）

メコン川

写真 2.5.2　メコン川の河岸決壊（1989 年）

市内の小河川や排水路の改善、ポンプや樋門の改修、湿地帯の遊水地としての機能強化などが提案されている。

　ビエンチャンにおいて、このような対策が必要となったのは、1975 年ごろからの人口の集中と住居や工業地帯の急激な拡大が原因である。ラオスの人口密度は 27 人/km² である（2015 年ラオス統計局）が、1990 年代にビエンチャンの人口密度が約 2,900 人/km² と集中したため、洪水被害と環境上の問題が顕在化してきた。

2.5.1　メコン河委員会の活動

　メコン河委員会（Mekong River Commission）は、1995 年 4 月 5 日にカンボジア（Cambodia）・ラオス（Lao PDR）・タイ（Thailand）・ベトナム（Viet Nam）の合意により設立された国際流域管理組織である。メコン河委員会の前身は、1957 年に国連により創設されたメコン委員会（Mekong Committee）であった。メコン河委員会は中国（People's Republic of China）とミャンマー（Union of Myanmar）を協力組織として迎え入れ、2002 年に中国と委員会は水文学的データーを共有することに合意した。中国からの水文学的データーは、メコン河委員会の洪水予測と河川モニタリング活動の主要な情報源となっている。

　1995 年ごろから、メコン河委員会は統合的水資源管理（Integrated Water Resources Management）の方針に則って、流域管理の議論を進めている。これは、メコン川の水だけではなく漁業や航行、観光など水に関連する分野の「統合」を目指すものである。しかし、メコン河委員会の活動が環境プログラムに偏っていて、活動の根幹となるべき水資源開発が遅れているとの批判もある。1995 年のメコン河委員会創設以来、加盟 4 か国内のメコン川本流のダム建設は進まず、メコン河上流の雲南省では、中国が水力発電のためのダム建設を積極的に進めている。メコン河委員会の加盟 4 か国は、上流の中国のダム建設による河川周辺生態系などの環境や漁業への影響を懸念している（濱崎，2010）。

　1998 年から 1999 年に、メコン河委員会は組織の大規模な改革を行い、委員会の目的について、個別のプロジェクトの寄せ集めではなく、流域管

理であることを明確にした。そして、「新しい方向：新戦略1999-2003」を策定し、「メコン河流域の将来ビジョン」、「メコン河委員会のビジョン」、「メコン河委員会のミッション」を提示し、組織内の意思統一と活性化を図った（濱崎，2010）。

　メコン河委員会により、加盟国相互の便益と流域の人々の幸福のために、水に関わる資源の持続可能な管理と開発が促進され、調整が進められてきた。しかし、メコン河委員会が他の支援団体の活動との重複を避け、補完的に活動することも多く、制約が目立つことも問題視されている。委員会として、持続可能な発展による加盟国の貧困脱却に関して、具体的な結果が出されていないという反省を表明している。

2.5.2　2008年8月の洪水被害

　2008年8月15日に、南シナ海で発生した台風9号によりメコン川で大洪水が発生した。ビエンチャン観測地点におけるメコン川の水位は13.67mに達し、大規模な被害をもたらした1966年洪水の水位を1m上回るものであった。この洪水により、不幸にもベトナムや中国で多数の死者・行方不明者が発生した。メコン河委員会やラオス気象局は、洪水の水位予測を行い、それに基づいて土のうによる水防対策を実施した。200万個の土のうが、軍・警察などの政府関係機関や地元住民らによって延長17kmに渡って設置されたといわれている（國枝，2008）。

　この洪水で、メコン川のビエンチャン地点では、洪水が堤防天端を越えることはなかったが、堤防の老朽化や河岸侵食による堤防漏水が発生した。計画洪水位を上回る水位が7日間続き、上流・下流の村や対岸のタイ側でも広範囲の浸水被害を受けた。ビエンチャンにおいては8,000世帯以上が被害を受け、その下流では13,000ha以上の水田が水没し、家畜にも大きな被害があったと報告されている。

　メコン河委員会は2008年の洪水被害を受けて、洪水予測システムの重要性について再認識したと報告している。メコン河委員会からの情報は、メンバー各国や広域の市民にとって洪水規模や継続時間を想定し、緊急対策や被災地への救援を行うためにも重要である。メコン河委員会としては、

2008年洪水の経験が、データー収集、洪水予測モデル、メンバー国との連携と情報交換などの面で、教訓になったとしている。この教訓はアクションプランとして構築されて、それに基づいて改善の努力が続けられている（Mekong River Commission, 2009）。

2.5.3　湿原の浸水被害軽減と水環境改善効果

　ビエンチャンはメコン川の洪水氾濫原の中で、低く広がった沖積堆積物の上に位置している。洪水氾濫原は水位が高く浸透性が低いため、市街地の排水にも支障を及ぼしている。5月から9月にかけての雨季には降雨が集中し、豪雨による浸水被害や排水問題が深刻であり、排水処理施設の機能が不十分なため、水質問題も顕在化してきた。

　ビエンチャンの浸水被害軽減のためには、急速に発展した都市区域の排水施設整備が大事であり、その整備が河川湿地の環境保全にも大きく関わると、以前から注目されていた（**写真2.5.3**）。日本政府としても、1989年にはJICA（国際協力機構）が「ビエンチャン市排水網整備計画」を策定するなどの協力を進めている。この計画に基づき、アジア開発銀行によっ

写真2.5.3　ビエンチャン近郊の湿地（1989年）

て 1996 年から 2006 年に排水施設整備が実施されてきた。

　しかし、さらなる急速な経済開発や人口増加により、都市区域からの排水汚濁負荷が高まり、河川湿地の水質の悪化が深刻になってきた。そこで、ラオス政府は再び日本に対して、ビエンチャン市水環境管理マスタープランの策定を目的とした調査の実施を要請した。これに基づき、2007 年 12 月に日本政府による調査実施が採択され、2009 年 1 月に調査団が派遣された。調査には、ビエンチャン市内の衛生環境の悪化対策や、生活排水の自然浄化機能にも関係する、タート・ルアン湿地の環境保全対策も含まれている。

　タート・ルアン湿地は、ビエンチャンの東側に存在する最も大きな湿地帯で、大きさは 20km² ほどである。ビエンチャンからの排水はホン・ケ水路からタート・ルアン湿地に集まり、マクヒアオ川に注ぎ、マクヒアオ川はビエンチャンの東南 64km 地点でメコン川に合流する（**図 2.5.2**）。

　1990 年代半ばには、ビエンチャン周辺の季節的に拡大する水域と、洪水氾濫原、湿地帯などを合わせた区域が、約 1,500km² 分布していたとされている（Pauline Gerrard, 2004）。そして、そのような水域と湿地帯は、水産資源や農業生産などの食料生産のため、経済的にも環境保全上も大きな価値を持っていた。また、水域や湿地帯の存在自体が洪水被害の軽減、水供給と水質保全の維持、家庭・農業・工業排水の処理にも効果があっ

図 2.5.2 メコン川とビエンチャン

たとされている。特にタート・ルアン湿地は、ビエンチャンに近接して広がっているため、市街地とその周辺に位置する地域の発展に大きく寄与してきた。しかし一方で、湿地帯は市街化とともに埋め立てられ、囲い込まれ縮小してしまった（Pauline Gerrard, 2004）。

　メコン川は国際的な大河川であり、流域全体に関わることは、メコン河委員会などの国際的な議論に委ね、流域各国が協力して洪水対策や環境保全の努力を続けていく必要がある。ラオスのビエンチャン周辺の洪水対策や環境保全を進めるにしても、上流からの洪水をコントロールすることは難しく、いろいろな制限がある。しかし、ビエンチャン周辺の湿原の保全のように、浸水対策や環境保全のために地域の空間的な余裕を活かすこともできる。流域全体で取り組むべき対策と、地域からの積み上げで対応できる課題を分けて議論する必要がある。

　1989 年にわたしがラオスを訪れて驚いたのは、洪水氾濫原における人々の住まい方であった。ビエンチャン近郊の洪水氾濫原には、高床式の住居が多くあり（**写真 2.5.4**）、毎年雨季には 2〜3 か月間、住居が床下まで水没するとの説明を受けた。住居を支える柱には、浸水時の移動に利用する

写真 2.5.4　ビエンチャン近郊の高床式住居（1989 年）

ため、手漕ぎの船が固定されていた。雨季には食料が滞るので、住居には米が備蓄され、窓から釣った魚を食べて過ごすと、ラオス政府の職員が平然と語っていた。ビエンチャンの人々は、大河川の水位上昇による洪水氾濫を生活の一部として受け止め、それに順応して生活してきたように感じられた。

〈参考文献〉

本間俊朗 (1990)：日本の人口増加の歴史，山海堂.

関正和 (1994)：大地の川，草思社，pp.52-70.

吉井厚志 (1996)：水辺緩衝空間の保全に関する基礎的研究，北海道開発局開発土木研究所.

東三郎 (1976)：環境林をつくる，北方林業叢書，北方林業会.

吉井厚志・岡村俊邦 (2015)：緑の手づくり，中西出版.

国土交通省河川局 (2004)：石狩川水系河川整備基本方針.

中村和正 (1996)：石狩川流域の水管理に関する研究，開発土木研究所報告，No.114，pp.11.

岡崎文吉 (1909)：石狩川治水計画調査報文，石狩川治水調査会，北海道庁，1909.

国土交通省河川局 (2008)：釧路川水系河川整備基本方針.

吉井厚志・岡村俊邦・佐藤徳人 (1994)：釧路遊水地周囲堤の在来植生導入，開発土木研究所月報，No.493，開発土木研究所，pp.13-22.

Teruko SATO and Tadashi NAKASU (2011): 2009 Typhoon Ondoy Flood Disasters in Metro Manila, Natural Disaster Research Report of the National Research Institute for Earth Science and Disaster Prevention, No.45, February.

佐藤照子 (2009)：マニラ首都圏の水害，自然災害情報室，国立研究開発法人防災科学技術研究所，http://dil.bosai.go.jp/disaster/2009philippine/10-1/html.

吉井厚志・岩切哲章 (1993)：マニラにおける治水の実態と環境保全，第1回地球環境シンポジウム，土木学会.

田中隆 (2018)：ベトナムにおける国内人口移動の現状と要因分析，日本大学大学院総合社会情報研究科紀要，No.19，pp.185-194.

Sophie Devienne (2006): Red River Delta: Fifty years of change, Agriculture in Southeast Asia: an update, pp.255-280.

春山成子 (2004)：ベトナム北部の自然と農業，pp.96-103，古今書院.

春山成子・船引彩子・Le V. T. (2003)：紅河下流平野における地形と洪水，水理科学，

274 号，pp.50-55.

Sai Hong Anh, Toshinori Tabata, Kazuaki Hiramatsu, Masayoshi Harada, Le Viet Son (2017): Impact of Flood to Residential Area in Van Coc Lake, Hanoi, Vietnam, H29 農業農村工学会講演会講演要旨，pp.388-389.

Nguen Mai Dang, Mukand S. Babel and Huynh T. Luong (2011): Evaluation of Flood Risk Parameters in the Day River Flood Diversion Area, Red River Delta, Vietnam, Natural Hazards.

船引彩子（2011）：紅河デルタ平野の河川地形，地質ニュース 677 号，https://www.gsj.jp/data/chishitsunews/2011_01_01.pdf.

Nguyen Le Tuan and Satoru Sugio (2001): Flood control measures in the Red River basin and numerical simulation of their operation, Integrated Water Resources Management (Proceedings of a symposium held at Davis, California, April 2000), IAHS Publ. no.272, 2001.

United Nations (1990): Urban Flood Loss Prevention and Management, Water Resources Series, No.68, United Nations.

Asahi Evening News (1994): "Viet Nam Environmental Alarms, U. N.", Reuter, June 6, 1994.

FAO (1991): Year Book Production, Vol.45, FAO, pp.3-14.

Forest Department, FAO (2010): Country Report "Viet Nam", Global Forest Resources Assessment 2010, FRA 2010/229.

JICA（2009）：ハノイ市水環境改善事業（I-1）（I-2），2009 年度ベトナム・日本合同評価チーム，https://www2.jica.go.jp/ja/evaluation/pdf/2009_VNII-7_4_f.pdf.

JICA (1989): Feasibility Study on Improvement of Drainage System in Vientiane, Inspection Report.

濱崎宏則（2010）：メコン河委員会による水資源管理の課題と展望—統合的水資源管理の観点から—，政策科学，18-1，pp.89-96.

國枝達郎（2008）：メコン河委員会の現状，土木技術資料，Vol.50，No.12，pp.26-29.

Mekong River Commission (2009): Annual Report 2008, www.mrcmekong.org, pp.14-16.

Pauline Gerrard (2004): Integrating Wetland Ecosystem Values into UrbanPlanning: The Case of That Luang Marsh, Vientiane, Lao PDR, IUCN − The World Conservation Union Asia Regional Environmental Economics Programme and WWF Lao Country Office, Vientiane.

3 | 日本の一級水系流域の水辺緩衝空間

　河川は上流部から小さな河川を合流させて、徐々に大きな河道を形成し、やがて海へと注ぐ。これら一群の河川を合わせた単位が「水系」と呼ばれている。この水系を面的に表したものが「流域」であり、降った雨や溶けた雪が地表を流れて川に流れ込む範囲を示すことから、集水域と呼ばれることもある（国土技術総合政策研究所，2004）。そして、日本で最も広い流域を持つ水系は利根川で、石狩川の流域は、全国第2位の大きさである。1965年に施行された河川法によって、国土保全上又は国民経済上特に重要な109の水系が、政令で「一級水系」として指定された。

　全国の109の一級水系流域の面積総計は239,785.7km^{2}で、日本の国土面積377,915km^{2}の約63%を占めている。国土がいろいろなサイズの流域により構成されていると考えると、国土は流域の集合体ということができる。ここでは、代表的な流域である一級河川流域を取り上げて、空間的な視点からの議論を進めたい。

　前章まで、北海道とアジアの河川流域における治水対策と環境保全について述べ、それぞれの流域ごとに様々な特徴があることを表した。環境保全も含めた国土保全について議論を進めるためには、流域単位で見ていくことが重要である。また、安全で豊かな流域を目指すためには、流域の空間的な余裕として確保、保全された緩衝空間が重要な役割を果たすことを強調してきた。

　日本の流域では、河川の水利用と洪水氾濫原の土地利用高度化を目的とした治水対策の影響を強く受け、歴史的に水辺域が大きく変化してきた。小河川流域の水田開発が始まり現在に至るまで、洪水氾濫原は大きく変貌した。20世紀になってから特に大河川の治水目的の改修が大規模に行われ、流域の土地利用がさらに高度化されてきた。

流域の土地利用の変化は、国土保全、国土開発に関わる全国的な流れに連動していると考えられる。国土保全の面では、1959年に大きな被害をもたらした伊勢湾台風の後、1960年には治山治水緊急措置法が制定され、治山治水事業の緊急かつ計画的な促進が法的に定められた。また、国土開発としては、1962年に全国総合開発計画が定められ、そのなかで「総合的かつ長期的にみて合理的かつ高度の土地開発利用の方向を見出すことが要請される」と明記された。また、この計画では「公共投資については、つとめて先行性を確保することを前提として」、「治水、利水等の総合的観点にたつた国土保全施設の整備をはかる」とされている。このような全国的な国土開発や国土保全の流れの中で流域の土地利用が変化し、水辺域もその影響を受けてきた。

　土地利用と河川の変化の密接な関係については、日本だけで見られることではない。1980年代から近自然工法が進められてきたドイツにおいても、「19世紀に始まった工業化の流れを受けて著しく土地利用度の高い大都市が誕生し」、「河川は狭い河床に押し込められた」とされている（バイエルン州水利庁・バイエルン州内務省建設局，1992）。

　日本において、流域の発展に伴う土地利用の高度化と水辺域の変化により、様々な問題が生じてきたのも事実である。まず治水面では、河川区域を限定してその中でハード面の対策を進めてきたものの、氾濫区域内の資産の増加も進み、洪水氾濫の頻度は減少したが、被害はかえって大きくなる傾向にある（吉川・吉野・中島，1981）。十分な水辺空間が確保されていない場合には、施設の周辺やその下流に近接して市街地が形成され、かえって危険が増大する恐れがある（図3.1.1）。そして、限られた空間において治水安全度を上げることが困難になり、その無理によりハード面の対策にさらに頼らざるを得ないという悪循環に陥ってしまう。また環境面では、水辺林の減少、動植物の生息域の単調化および減少とそれに伴う種の減少、水循環の変化、水質への影響、レクリエーションの場の減少などの問題があげられる（砂防学会，1999、砂防学会，2000）。

　治水面、環境面の問題が生ずるとともに、地域に特有な風景の構成要素としての河川や水辺域が失われてきた。そのため流域の人々は水辺にふれ

図 3.1.1　流域の発展と水辺空間の変化

る機会が減り、川に対する愛着を失い、災害に対する危機感も薄れる傾向
にあった。そしてそれが、さらに治水面、環境面の危機管理の弱体化につ
ながった。一方で、流域の市町村からは河川区域の運動公園が強く求めら
れ、その要望に応えて全国的に似たような河川公園が作られ、それが地域
性の消失に結びついたという指摘も聞かれる。

　上記のような問題を解決していくためには、水辺域を保全し、それが不
十分なところでは確保していくことが重要と考える。洪水や土砂流出など
の外力を弱め、その外力を人々の生活空間に近づけないため、また逆に人々

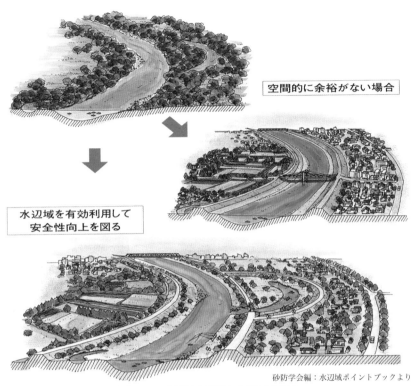

空間的に余裕がない場合

水辺域を有効利用して
安全性向上を図る

砂防学会編：水辺域ポイントブックより

図 3.1.2　水辺域を活用した流域の保全

　の生活が河川という自然な空間に与える影響を軽減するためのバッファー
ゾーンとして、水辺域に期待するものである。水辺域を有効に機能させる
ことは、治水上の安全性を増し、あるいはその可能性を留保し、環境保全
の取り組みに貢献し、河川管理（行政）と市民の関係の改善にも寄与する
と考えられる（図 3.1.2）。

3.1 | 水辺緩衝空間の定義

　水辺空間を洪水や土砂の氾濫を軽減する緩衝空間（バッファーゾーン）とする議論は、主に砂防学の分野で行われてきた。水域と保全対象の間にある、洪水や土砂氾濫を軽減させるための空間を、東は「緩衝空間」と名付け（東，1982）、技術的側面からは防災空間、社会的立場から見ると緑地空間としてとらえるべきとしている。特に高度に経済の発達した社会では、個々の構造物に全面的な防災効果を期待できなくなり、安全弁としての緩衝空間の意義が大きくなると主張した。

　扇状地上における災害を軽減するために、木村は防災空間を設定・確保することを強調し（木村，1984）、その空間の環境整備によるレクリエーション利用の可能性を提起している。また、防災空間の外縁部に緩衝空間として林帯を造成することにより、扇状地の安全性向上が図られるべきとしている。同様に、中村は、河川と保全対象空間を境界線で分離せずに、緩衝帯によって区分することを提案している（中村，1988）。そして、緩衝帯は高度土地利用計画と自然河川の間の一見無駄に見える帯状の堆砂空間として設置され、洪水時には一時的な防災空間として期待される。

　わたしは、河川・湖沼・海域などの水域（防災空間）と人々が生活・生産を営む保全対象を繋ぎ、洪水・浸水や流出土砂などによる危険が高まった時には一時的に防災空間としての機能を持つ空間を「水辺緩衝空間」と呼ぶこととした（吉井，1996）。水辺緩衝空間には、河川や湖沼、そして人為的に作られた遊水地、遊砂地、ダム湖の周辺、堤防や高水敷なども含まれる。

　ただし、このような水辺緩衝空間の定義は、日本における今までの治水事業の範囲にとらわれすぎているのかもしれない。過去に経験したことのないほどの自然災害が発生し、驚くほどの甚大な被害を受けている近年の状況を鑑みると、前例や制度にとらわれない議論も必要だろう。行政的な仕分けに基づいた防災空間や水辺緩衝空間の議論では対応しきれない恐れがある。自然現象の強度や規模によっては、生活・生産空間の一部を水辺緩衝空間として機能させることも覚悟するべきだ。

そのような課題は、本章第4節の近年の災害においても触れることになるが、ここでは空間的な広がりの意義をわかりやすく表すため、まずは河川流域の単純な区分に基づき説明を続ける。

　流域の発展過程では、水辺空間（水面R_1＋水辺緩衝空間B）と保全対象空間は区分できず、氾濫空間が生産・生活空間として利用されていた。これは水辺空間の「共存利用型」であり、氾濫空間を平常時は水辺緩衝空間として利用し、洪水時の氾濫を許容し、あるいは、許容せざるを得ないという状況を表している。これは、100年ほど前の石狩川の氾濫原の状況であり、氾濫原に生産生活空間が点在し、洪水時の浸水被害を頻繁に蒙っていた。また、ラオス、ビエンチャンの洪水氾濫原も同様であり、氾濫原や湿地に住む人々が洪水と共存する生活を営んでいる。

　特に日本の流域では、保全対象空間が発展するにしたがって、浸水が許容できなくなり、水辺空間と保全対象の区分利用が進められてきた。ベトナムでは、ハノイ都市圏の周囲に輪中堤を建設し、生産・生活空間と水辺空間の分離を図り、緊急の際にはダイ川放水路に放流することになった。しかし、その後ハノイの人口が増大し、市街地が拡大することによってダイ川流域にも生産・生活空間が広がり、水辺区域の共存利用型に戻らざるを得ない状況にある。

　水辺緩衝空間の平常時の活用としては、都市部では緑地や公園などのオープンスペースとして、また農山村地域では水や土砂の氾濫を前提とした共存型生産緑地としての保全が考えられる。また、河川の利用や景観、そして豊かな生態系を育むなど、環境保全の面でも水辺緩衝空間の意義に注目すべきだ。流域における自然環境や生態系の劣化や単純化、物質循環の不均衡、そして水質汚濁などの問題も懸念されており、それら問題を解決する上でも水辺緩衝空間の活用が期待される。

3.2 水辺緩衝空間指標による流域の比較

　もともと水辺空間が持っていた緩衝機能を高めることが、治水対策の重要な目的の一つということができる。河川改修においては洪水流量や水位が、砂防事業においては整備土砂量が、それらの効果の指標として表現されるが、わたしは緩衝機能を表すために平面的な広がりにも注目すべきだと主張してきた。例えば、遊水地や遊砂地にみられるように、洪水や土砂流出を平面的に広げることにより、エネルギーを減殺し、一時滞留させる効果を重要視していきたい。立体的に多くの洪水や土砂を貯留する洪水調節ダムや砂防ダムも、平面的に見ると広がった空間を創出している。

　日本では河川区域の管理が徹底され、国土交通省の河川管理統計には、全国の一級 109 河川それぞれの河川法上の河川区域内面積が明記されている。河川区域は河川法第 6 条で規定されており、河川の流水が継続して存する土地および地形、およびそれに類する土地の区域（1 号地）、河川管理施設の敷地である土地の区域（2 号地）、堤外（堤防より河川側）の土地の区域のうち、1 号地と一体として管理する必要のある土地の区域（3 号地）に分けられている。

　ここで、河川流域における緩衝機能を広がりとして表現するため、河川法上の河川区域のうち、河川の流水が継続して存する 1 号区域を除いた、2 号・3 号区域を水辺緩衝空間（B）として議論を進めることにする（**図 3.2.1**）。

　また、河川流域における洪水という外力の大きさを平面的に表す指標として、洪水氾濫の広がる範囲を表す氾濫空間（D）を用いることとした。全国の一級水系では、国土交通省により想定氾濫区域（I）が流域ごとに公表されており、その区域と河川区域を合わせて氾濫空間とした（**図 3.2.1**）。想定氾濫区域は流域ごとに計画規模の洪水が河川を流下し、堤防の破堤や溢水などによる洪水流の氾濫を計算で推定したものである。流域の社会条件などにより、計画規模が異なっているが、その流域の危険度を表す指標として氾濫空間を用いることとした。

　図 3.2.2 は**図 3.2.1** で表した a−a′ と b−b′ 地点の横断面を模式的に表し

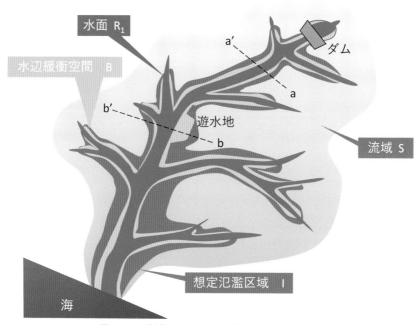

図 3.2.1　流域における氾濫空間と水辺緩衝空間

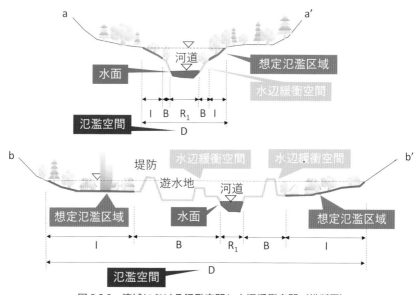

図 3.2.2　流域における氾濫空間と水辺緩衝空間（横断図）

たものである。河川法第6条の1号区域が常時流水の存在する河道（R_1）であり、その両側に、河川管理構造物の敷地である水辺緩衝空間（B）が存在する。洪水時に河川水位が上昇すると、堤防が破堤したり溢水したりする恐れがあり、洪水氾濫の範囲が公表されている想定氾濫区域（I）である。ダムによって水が湛えられている水面は河川法第6条の1号区域で、水位上昇により水面が広がって洪水調節に使われる範囲を水辺緩衝空間として扱うこととした。また、洪水を平面的に調節する遊水地の敷地は河川法第6条の2号区域であり、これも重要な水辺緩衝空間ととらえることができる。

　日本の一級水系109河川流域の氾濫空間面積D（想定氾濫区域I＋河川区域R）を表すと**図3.2.3**のとおりである。流域面積Sが大きいほど氾濫空間面積Dが大きい傾向があり、平均すると流域面積のおよそ18％が氾濫空間面積である。中には、利根川や荒川のように回帰線をはるかに上回る流域もあり、洪水氾濫原の大きさは、それぞれの流域の地形的な特徴を

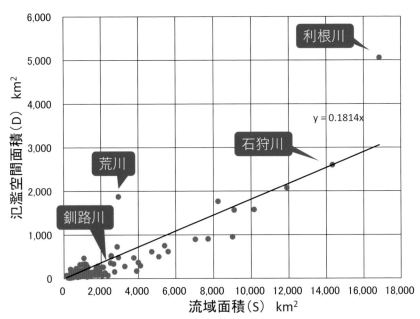

図3.2.3　一級水系河川の氾濫空間面積

表している。

　また、水辺緩衝空間面積 B を同様にグラフで表し（**図 3.2.4**）、洪水氾濫に備えて確保されている水辺緩衝空間の占める割合を流域ごとに比較した。全国一級河川流域の流域面積に占める水辺緩衝空間面積の率は、平均すると約 1.4%である。利根川や荒川は氾濫空間面積の占める割合が大きかったが、水辺緩衝空間面積も流域面積に対して比較的大きいことがわかる。これら流域では、大都市を襲う大規模な洪水氾濫に備えて、歴史的に水辺緩衝空間が確保されてきたことがうかがわれる。

　石狩川や釧路川の氾濫空間面積は、全国の一級水系河川の平均に近いが、水辺緩衝空間が大きめに確保されていることがわかる。特に釧路川は、広大な水辺緩衝空間を流域内に抱えており、これは第 2 章で述べたように、釧路湿原が遊水地として活用されているためである。

　流域の洪水氾濫の空間的リスクを氾濫空間面積率、洪水氾濫に備えて確保・保全している空間的な安全性を水辺緩衝空間面積率としてとらえ、比

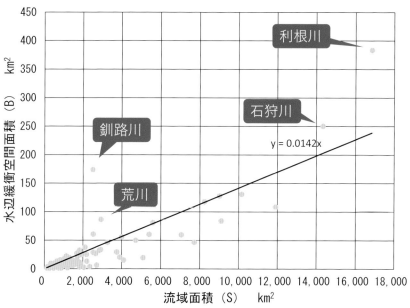

図 3.2.4　一級水系河川の水辺緩衝空間面積

較した（**図 3.2.5**）。全国の平均としては、氾濫空間面積の 5％程度が水辺緩衝空間面積である。首都圏の広大な氾濫原を抱える荒川流域は、氾濫空間面積率が 64％に対して、水辺緩衝空間面積率は 3％である。日本で最も大きな流域を持つ利根川は、約 30％の氾濫空間面積に対して、水辺緩衝空間面積率が約 2.3％である。この 2 流域では歴史的に河道切り替えが行われ、流域と氾濫区域が人工的に変更されてきた。この指標は、結果としての現状のリスクと安全性確保の可能性を表していると見ていただきたい。

　東京都の町田市に源を発し、稲城市、神奈川県川崎市と横浜市の市街地を貫流する鶴見川は典型的な都市河川で、氾濫空間面積率 31.8％、水辺緩衝空間面積率 1.2％である。鶴見川流域の 90％近くが市街地で、河口近くには京浜工業地帯が広がっており、氾濫空間の大きさに比べて水辺緩衝空間が十分に確保できていない（**図 3.2.5**）。

　鶴見川流域では 1960 年代後半から水害が頻発しており、流域の開発に伴う洪水流出形態の変化が、洪水頻発の原因の一つといわれている（国土

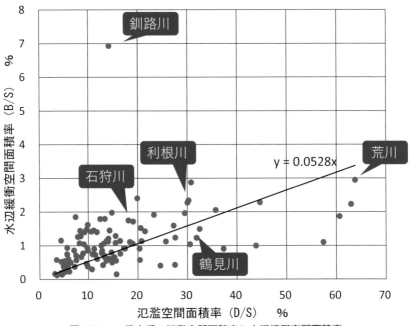

図 3.2.5　一級水系の氾濫空間面積率と水辺緩衝空間面積率

交通省関東地方整備局ほか，2007）。そのため、河川対策のみならず流域対策を含めた効果的な治水対策を関係機関が一体となって取り組む必要があった。1979 年には、全国に先駆けて「総合治水対策特定河川」の指定を受け、総合治水対策が進められてきた。

　総合治水対策とは、流域整備の基本方針を決め、河川の整備計画と地域ごとの整備計画、そしてソフト対策である被害軽減対策を盛り込んだ流域整備計画に基づいたものである。流域整備の基本方針では、保水、遊水、低地地域の区分を行い、流域開発の想定に基づき、治水施設整備計画、流域の基本方針と河川と流域の流量分担計画が示される。総合治水対策の特徴は、治水施設整備計画と合わせて、保水機能保全対策、遊水機能保全対策、低地地域保全対策が流域整備計画に明記され、実施されることである。保水機能保全対策は、防災調整池や雨水貯留施設など、遊水機能保全対策としては盛り土抑制など、低地地域保全対策には、内水排除施設などがある。

　総合治水対策は、開発が進み空間的な余裕のない流域において、生産・生活空間の一部を共存型の水辺緩衝空間として活用する制度ともいえそうだ。第 2 章で述べたマニラ首都圏の頻発する洪水災害被害を軽減するためには、日本の総合治水対策が参考になるかもしれない。ただし、洪水氾濫原に住む不法居住者などの貧しい人々の生活を考えると、地域に適合した工夫が必要であろう。

　一方で、釧路川流域の水辺緩衝空間面積率は、他河川流域と比べて特に大きく、流域面積の 14%の氾濫空間面積率に対して、その約半分の 7%の面積が水辺緩衝空間である。釧路川流域は、もともとあったラムサール会議登録湿地である釧路湿原が開発されずに保全されており、その空間を遊水地として活用できた例外的な事例かもしれない。しかし、余裕のある空間利用により、洪水氾濫に対して安全性が高まり、環境保全の取り組みが進んでいる実例は、ほかの流域の参考にもなるはずだ。

　わたしは、洪水氾濫に対する空間的な安全性と環境保全の可能性を表す指標として、上記のような水辺緩衝空間指標を提案した。河川流域の空間的な洪水氾濫のリスクを氾濫空間面積率で表し、空間的な安全性確保と環

境保全を進める可能性を水辺緩衝空間面積率として算出した。日本の河川流域の場合は、河川管理の制度が整っており、河川区域や想定氾濫区域が明示されているため、水辺緩衝空間指標を数字で表すことができる。海外の事例について同様な指標で比較することは困難だが、このような視点をもって流域保全について議論していきたい。

3.3 | 水辺緩衝空間の拡大による流域の保全

　前節では、日本全国の一級河川流域の水辺緩衝空間指標について提案し、各流域の特徴を氾濫空間面積率と水辺緩衝空間面積率として表現した。次に、水辺緩衝空間の効果を示すために、河川流域内の水辺緩衝空間面積と氾濫空間面積の関係について明らかにしたいと考えた。ここでは、水辺緩衝空間面積を拡大することにより、氾濫空間が減少する面積を効果として表すこととした。

　遊水地などの水辺緩衝空間を拡大すると、洪水時に水位低下の効果があり、堤防の破堤や溢水氾濫などのリスクが減少し、想定氾濫区域を狭めることができる。また、遊水地は堤内地に降る降雨を一時貯留する効果もあり、河道や下流域への負担を減じることができる。**図 3.3.1** はその効果を模式的に表した洪水氾濫原の横断面図であり、洪水氾濫の頻度が高く浸水深の大きい区域を遊水地として機能させることにより、水辺緩衝空間を拡大（ΔB）させ、洪水位が低下し、氾濫空間が縮小することを表したものである。

　第2章第1節で述べたように、石狩川流域では治水対策として遊水地を建設しており、これは氾濫空間の一部を水辺緩衝空間として活用することである。北海道開発局では、2008年に石狩川流域の北村遊水地と千歳川遊水地群の計画を検討しており、その試算結果を用いて評価した（**図 3.3.2**）。この試算では、1/50、1/100、1/150の雨量確率規模の3ケースで、遊水地の治水効果を最大限に発現する条件下において、洪水位の低下による氾濫面積の減少を表している（Yoshii, Hirai and Yamamoto, 2009、

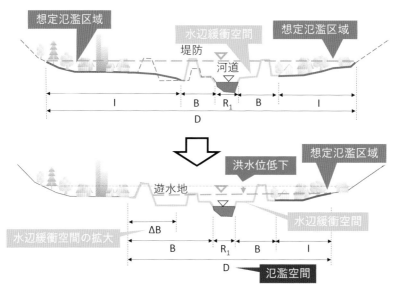

図 3.3.1　水辺緩衝空間の拡大による洪水位低下・氾濫空間の縮小

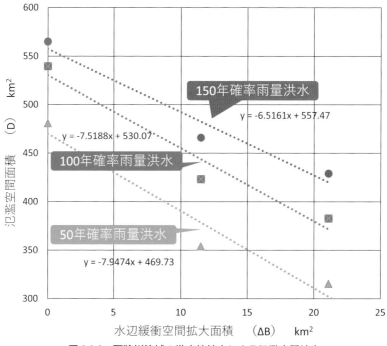

図 3.3.2　石狩川流域の遊水地拡大による氾濫空間縮小

唐澤・柿沼・平井，2012）。

　石狩川流域では、千歳川遊水地群が2008年から2019年、北村遊水地は2012年から2026年の予定で建設中であり、すべてが完成すれば約21km²の広大な水辺緩衝空間となる。**図3.3.2**に表したとおり、遊水地の完成により150年確率雨量洪水においては氾濫空間面積が約570km²から約430km²と140km²ほど減じることができる。この試算をもとに、水辺緩衝空間の拡大面積（ΔB）と氾濫空間面積（D）の関係を表すと、水辺緩衝空間を拡大することにより、その6.5～8倍の広さの氾濫空間が減少することになる。

　このように、洪水氾濫原の中で、洪水による氾濫頻度の高い区域や浸水深の深い箇所を活用して水辺緩衝空間を設置することにより、氾濫空間が狭まり、より安全な区域を広げることができる。そして、その水辺緩衝空間は高度な土地利用は制限されるものの、農業生産や環境保全のための貴重な空間として活用することもできる。実際に、北村遊水地は平常時に農地として利用される計画であり、千歳川遊水地群では湿地などの環境保全が進められている。千歳川遊水地の一つである舞鶴遊水地は、過去にタンチョウヅルやマナヅルが生息していた区域に完成しており、環境保全の取り組みとして、タンチョウヅルが営巣するような湿地の再生が進められている（星・桑村・飯島，2017）。

3.4 | 2019年台風19号洪水災害と水辺緩衝空間

　近年、毎年のように自然災害が発生しており、ニュースを聞くたびに、過去の災害の経験や防災対策を踏まえながらも、冷静に状況を再考する必要を感じた。2018年7月には西日本豪雨が発生し、2019年10月には台風19号により、暴風・高浪・高潮・大雨による激甚な被害を蒙った。被害を受けた方々に対して、心からお見舞いを申し上げるとともに、速やかな復旧・復興により普段の生活をいち早く取り戻せるよう強く願うばかりである。そして、本書が少しでも将来の被害軽減の一助となれば幸いである。

この２か年の洪水で被災した流域について、水辺緩衝空間指標を確認してみたが、必ずしも氾濫空間面積率が高く水辺緩衝空間面積率が低い流域全てで浸水被害が大きかったとはいえないようだ。降雨量は流域ごとに異なっており、ダムや放水路、遊水地などで洪水調節が行われているので、流域のリスクや安全性を緩衝空間指標のみで単純に比較できるものではない。また、堤防などの一部に脆弱な箇所があると、そこから溢水氾濫が起こる可能性があり、空間的な余裕があっても多大な被害を受ける場合もある。

　結果論になってしまうが、流域の洪水被害に関するリスクが水辺緩衝空間指標で説明できそうな事例もあった。2018 年の災害時に堤防からの越水で 3,114 戸が浸水被害を受けた肱川は、水辺緩衝空間面積率（B/S）が 0.31％であり、全国一級河川流域平均の 1.4％を大きく下回っている。また、九州の六角川流域は流域面積の約 63％を氾濫空間が占める低平地を流れており、支川等の内水氾濫により 105 戸が浸水被害を受けた。災害が発生した後で、このようなことを述べるのは、被災を受けた方々に本当に申し訳ないと思う。しかし、国土や流域を空間的に見直すことにより、将来の洪水被害軽減に少しでも役立つことを願って、あえて書き記すことにした。

　2019 年台風 19 号は、10 月 12 日 19 時前に大型で強い勢力を持ったまま伊豆半島に上陸し、13 日未明に東北地方の東海上に抜けた。台風 19 号は、静岡県や関東甲信越地方、東北地方を中心に広い範囲で記録的な大雨をもたらした。神奈川県箱根町では 10 日からの総雨量が 1,000mm に達し、500mm を超えた観測点が、関東甲信越地方と静岡県の 17 地点にも及んだ。

　この東北・北陸・関東地方を襲った豪雨によって、135 箇所で河川堤防が決壊して激甚な洪水被害が発生し、土砂災害被害は 450 件にも及んだ。2019 年 12 月 1 日時点の消防庁発表によると、死者・行方不明者 102 人、住居被害としては全壊 3,077 棟、半壊 24,809 棟、床上・床下浸水が合わせて 37,629 棟被災した。このような悲惨な被害状況が明らかになってきたが、一方で治水対策により被害が軽減された事例にも注目が集まってい

る。

　台風 19 号は首都圏を直撃する進路をとったため、特に人口が集中する利根川・荒川流域の洪水氾濫が危惧された。利根川流域では、上流域の田代では 3 日雨量 385mm、下仁田では 628mm と既往最大の雨量が記録された。利根川栗橋地点の水位は、既往最高水位だった 2010 年台風 9 号の時の 21.0m までは到達しなかったが、氾濫危険水位 19.1m を超えて 20.7m まで上昇した。荒川の上流域でも豪雨に見舞われ、3 日雨量が三峰 599mm（既往最高）、堂平山 544mm（既往最高は 1999 年の 553mm）であった。そして、荒川の治水橋地点の水位は、既往最高の 12.8m を記録し、氾濫危険水位 11.2m を超えた（国土交通省関東地方整備局，2019）。

　台風 19 号による豪雨は、荒川上流支川流域において堤防決壊や大規模な溢水氾濫をもたらした。しかし、首都圏の利根川と荒川本川においては、非常に危険な状況ではあったが、大きな被害に至らず助かった。前にも述べたように、利根川と荒川では歴史的に様々な治水施設が整備されており、洪水調節に効果があったと報告されている（**図 3.4.1**）。

　利根川流域では、利根川上流ダム群で約 1.45 億m³ の洪水を貯留して、下流河川への負担を軽減した。利根川の主要な支川である吾妻川では、八ッ場ダムが本格的な運用前に試験湛水を実施しており、流入量（最大流入量約 2,500m³/sec）をほぼ 100%抑えることができ、7,500 万m³ が貯留された。また、利根川の中流域にある渡良瀬遊水地（**図 3.4.2**）では約 1.6 億 m³、田中・菅生・稲戸井調節池では約 9,000 万m³ の洪水調節が行われた。

　また、荒川流域では台風 19 号の豪雨に対して、上流ダム群で約 4,500 万m³、荒川第 1 調整池において約 3,500 万m³ の洪水貯留効果があり、首都圏における洪水被害を防ぐことができた。

　遊水地・調節池とは、洪水の最大流量を一時的に貯めて調節し、洪水が終わった後にゆっくり流すための施設である。遊水地と調節池は機能としては同じであるが、遊水地の底を切り下げたものが調節池と呼ばれている（国土技術政策総合研究所）。利根川流域の渡良瀬川遊水地は 33km²、荒川第 1 調節池は 5.85km² と広大な面積を誇る効果的な水辺緩衝空間ということができる。

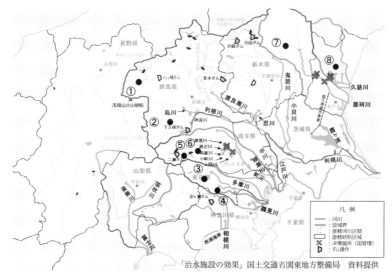

「治水施設の効果」国土交通省関東地方整備局　資料提供

図 3.4.1　台風 19 号による首都圏周辺の治水施設の効果

【平常時】

約1.6億m³
貯留

【出水時】

第三調節池

第二調節池

第一調節池

渡良瀬川

R1.10.13上空から撮影

「渡良瀬遊水地」　国土交通省関東地方整備局利根川上流河川事務所　資料提供

図 3.4.2　利根川流域渡良瀬遊水地の洪水調節

鶴見川流域においても、台風 19 号豪雨によって河川水位が上昇したが、鶴見川多目的遊水地が約 94 万m³ の洪水を貯留し、氾濫被害を防いだ。鶴見川多目的遊水地の直近の亀の子橋水位観測所の鶴見川水位は 6.58m まで上昇したと記録されている。もしも多目的遊水地が機能しなければ、水位は 30cm 上昇し、氾濫危険水位を超過したと推定されている（**図 3.4.3**）（国土交通省関東地方整備局京浜河川事務所，2019）。

　鶴見川多目的遊水地は 0.84km² の面積を持ち、平常時は公園などとして利用され、2003 年に完成してから、今回を含めて 21 回洪水の貯留を行ってきた。10 月 13 日にワールドカップラグビー 2019 大会「日本対スコットランド」戦が開催された横浜国際総合競技場（日産スタジアム）は、鶴見川多目的遊水地の上に位置している。鶴見川の水位が上昇し、多目的遊水地が洪水調節している中で、このゲームの実施が危ぶまれたが、関係者の大変な御苦労により、無事開催することができたと賞賛されている。

　2019 年台風 19 号は上述の通り、激甚な強風・豪雨をもたらし、宮城県、

図 3.4.3　台風 19 号洪水を貯留した鶴見川多目的遊水地

長野県、茨城県、埼玉県、福島県、栃木県、新潟県では、堤防決壊による悲惨な浸水被害が起こった。また、全国各地で発生した土砂災害被害も深刻であった。それに比べて、首都圏は様々な治水施設の効果により、被害は最小限に抑えられたように見える。ここで述べた上流ダム群、遊水地・調整池のほかにも、堤防・放水路・水門・排水機場などが効果的に機能したおかげである。台風19号を上回る豪雨も想定して、都市圏への人口・資産の集中と土地利用を含めて、災害に強いまちづくりについて考えていきたいものだ。

〈参考文献〉

国土技術総合政策研究所（2004）：河川用語集〜川のことば〜.

バイエルン州・バイエルン州内務省建設局，勝野武彦・福留脩文共監（1992）：河川と小川―保全・開発・整備―. バイエルン州内務省建設局刊行物第21巻.

吉川勝秀・吉野文雄・中島輝雄（1981）：流域の都市化に起因する洪水災害の変化，第25回水理講演会論文集.

砂防学会編（1999）：水辺域ポイントブック―これからの管理と保全―，古今書院.

砂防学会編（2000）：水辺域管理―その理論・技術と実践―，古今書院.

東三郎（1982）：低ダム群工法，北海道大学図書刊行会.

木村正信（1984）：沖積扇状地の砂防工法に関する基礎的研究，岐阜大学農学部演習林報告.

中村太士（1988）：河川の動態解析に関する砂防学的研究，北海道大学農学部演習林報告，Vol.45，No.2，pp.301-369.

吉井厚志（1996）：水辺緩衝空間の保全に関する基礎的研究，北海道開発局開発土木研究所.

国土交通省関東地方整備局・東京都・神奈川県・横浜市（2007）：鶴見川河川整備計画，p.21.

Atsushi YOSHII, Yasuyuki HIRAI and Shigeru YAMAMOTO (2009): Research on Floodplain Management Utilizing Waterfront Butter Space in the Ishikari River Basin, 7th International Conference on Geomorphology.

唐澤圭・柿沼孝治・平井康幸（2012）：石狩川における洪水氾濫原の変遷と水辺緩衝空間，寒地土木研究所月報，No.705.

星幸成・桑村貴志・飯島直己（2018）：舞鶴遊水地におけるタンチョウの営巣環境の構築にむけて，平成29年度北海道開発技術研究発表会.

国土交通省関東地方整備局（2019）：『令和元年 10 月台風 19 号』出水速報，2019 年 11 月 9 日.

国土交通省関東地方整備局京浜河川事務所（2019）：記者発表資料「鶴見川多目的遊水地で台風 19 号の洪水を貯留」，2019 年 10 月 16 日.

4 | 土砂災害と水辺緩衝空間

　日本の国土の特徴として、縦貫する脊梁山脈により生活空間が分断されており、不安定な地質から土砂が流出しやすく、豪雨が発生する度に土砂・土石流災害による被害が生じている（大石，2015）。北海道は本州に比べると急峻な地形が少ないともいわれるが、火山周辺や扇状地上の土砂移動が激しく、土砂災害被害も目立っている。

　本章では、札幌市南区で進められてきた豊平川砂防事業と、十勝川水系戸蔦別川の床固工群計画について紹介する。豊平川砂防事業は、1981年の土砂災害を契機に直轄事業として始まり、市街地の発展する扇状地上において、土砂流出を抑える施設が効率的に整備されてきた。戸蔦別川は北海道内でも有数の荒廃渓流といわれており、山麓から扇状地に滞留している土砂による災害を軽減するために、床固工群が設置され、効果を発揮している。

　近年の集中的な豪雨の発生により、両地域とも土砂災害が懸念されたが、計画に基づく砂防施設により大規模な被害を回避できたことが確認されている。豊平川上流域は2014年の豪雨時にも被害はなく、流域の荒廃状況も当初の予想通りであったことが確認された。2016年に戸蔦別川流域は計画規模以上の豪雨にさらされ、周辺地域は深刻な災害を蒙ったが、戸蔦別川床固工群の施工地域は被害が最小限に収まった。

　2014年と2016年の豪雨災害を経て、わたしは砂防事業計画策定に関わった者として責任を感じ、計画の妥当性を確認すべく現地を調査し、大きな被災がないことに安堵した。一方で、当初の計画や対策の目的や考え方をあらためて継承していくことと、検証の必要性を強く感じた。まずは、計画段階で行った調査と、それに基づく計画の重点と対策の優先順位を明確に書き記しておきたい。そして、その計画の妥当性が実際の豪雨により検証されたことも併せてまとめることにした。それが、将来の効率的で効果

的な計画と対策実施にも活かされることを祈っている。

4.1 | 札幌市の発展と豊平川の土砂災害対策

　石狩川の支川である豊平川は、河川に関する研究者から、国内有数の危険な河川流域として指摘されている。豊平川により形成された扇状地上に、道都札幌市の人口約 200 万人の大半が住んでおり、その中央部を豊平川が急勾配で貫流していることが、その理由である。豊平川の治水事業は、札幌市を洪水被害から守るため、歴史的に続けられてきた。

　豊平川流域を斜め写真で見てみると、大きく広がる扇状地上の市街地と堤防に挟まれて流れる豊平川の姿が印象的である（**図 4.1.1**、**写真 4.1.1**）。

国土地理院地図に加筆

図 4.1.1　豊平川位置図

札幌河川事務所より

写真 4.1.1　札幌市を貫流する豊平川

両岸の堤防に挟まれた豊平川は窮屈そうにも見えるが、高水敷は市街化の進んだ札幌市の中で開放的な水辺空間として親しまれている。

　豊平川の昔の流路の痕跡を見ると、扇状地上に網状に広がっており、様々な方向に洪水が氾濫していた経緯が見て取れる（**図 4.1.2**）。この扇状地上に開拓使が設置され、札幌市が発展するためには豊平川を治める必要があった。

　1896 年（明治 29 年）頃の札幌市の市街地は、豊平川扇状地の扇央部周辺に集中しており、それが徐々に扇状地上に拡大してきた（**図 4.1.3**）。1965 年（昭和 40 年）には、ほぼ市街地が扇状地上を覆い尽くし、その後扇端部の低平地や、扇状地から上流部の河岸段丘や支川の扇状地上にも市街地が拡大した。そのような札幌市の発展・拡大の過程で、1975 年・1981 年の洪水災害が発生した。

斜線の川は昭和28年当時の川
黒色の太い川は古川
電車・鉄道等は昭和28年当時

豊平川河川整備計画より、出典：「札幌市史」

図 4.1.2　豊平川扇状地の旧流路

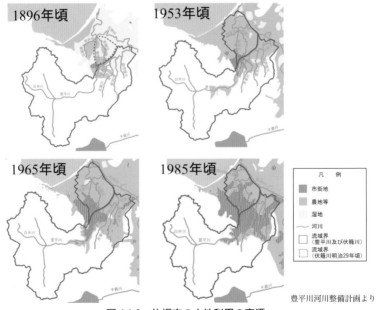

豊平川河川整備計画より

図 4.1.3　札幌市の土地利用の変遷

豊平川のような急流河川では、洪水による氾濫の危険性だけではなく、土砂流出による土砂災害や、それに伴う施設被害などの恐れもある。1975年（昭和50年）の石狩川豪雨災害を契機として、豊平川上流域の砂防事業を直轄事業として進める議論が始まった。豊平川上流域からの大規模な土砂流出により、直接的な土砂災害とともに、土砂堆積による河川の洪水流下の阻害や、堤防への悪影響が懸念されていた。

4.1.1　1981年豊平川土砂災害と砂防計画

　1981年8月には石狩川流域で2回の大きな洪水災害が発生した。8月上旬には、石狩川流域全体に大量の雨が降ったため、石狩川本流で堤防破堤、溢水氾濫の大きな被害が発生した。また、8月21〜24日には、札幌において連続雨量229mmを記録した豪雨が発生し（**図4.1.4**）、主に札幌市南区で甚大な土砂災害を蒙った。

　1981年8月下旬の豪雨時には、豊平川本川の水位が上昇し、堤防の破堤や溢水による市街地への氾濫の恐れがあった。南19条大橋上流では、

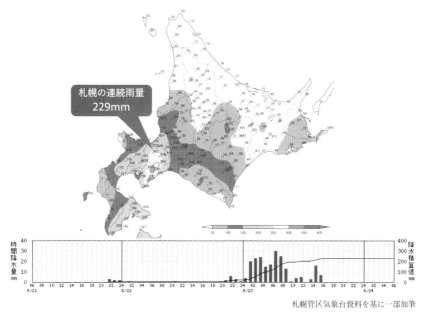

札幌管区気象台資料を基に一部加筆

図 4.1.4　1981年豊平川土砂災害を引き起こした豪雨

写真 4.1.2　豊平川南 19 条大橋上流部の土砂堆積状況　札幌河川事務所より

上流からの流出土砂によって低水路が埋塞し（**写真 4.1.2**）、洪水流で堤防の脚部が侵食された。幌平橋地点では、橋桁に達するほど水位が上昇し、一時通行止めになった。

　さらに上流においては、高速の洪水流のため三角波が発生し（**写真 4.1.3**）、また河道の侵食や護岸の決壊などの被害が起こった。三角波発生箇所には橋などの構造物はなかったため、深刻な被災には至らなかったも

写真 4.1.3　豊平川における三角波の発生　札幌河川事務所より

のの、急流河川の恐ろしさを思い知らされた。

　豊平川に沿って札幌市南区を走る国道 230 号は、豊平川の支川からの土砂流出などにより、車両の通行が不可能となる箇所が複数あった。記録に残っている通行止めは、南の沢国道橋地点、野々沢川国道橋地点、そして定山渓付近 2 箇所である。

　このように 1981 年豪雨により、豊平川中・上流域の本川と支川流域において、深刻な土砂災害と洪水災害が発生した。一般的には、上流の山地地域や支川からの大量の土砂が中・下流域の河道に堆積して、氾濫災害を起こす危険性が指摘されている。この出水においても、豊平川本川の河道に土砂堆積が認められたことから、土砂の流出過程を明らかにすることが求められた。

　1981 年の豊平川土砂災害の最大の特徴は、豊平川の支川が形成した扇状地上の土砂移動による被害が大きかったことである。当時、支川扇状地上では、住宅地が急速に拡大しており、河川・砂防としての対策が十分に追い付いていなかった。そのような状況において、豪雨による急激な出水が支川流域を襲い、河岸決壊、河道埋塞、溢水氾濫などの激甚な災害が発生した。

　そのため、豊平川砂防事業では、支川扇状地上の砂防対策が、道路事業や宅地開発にも配慮しながら実施されることになった。砂防えん堤、遊砂地、床固工群、流路工の施工に当たり、住宅地域の部分的な再編、国道の拡幅事業などとの調整の上、計画的、効率的に組み合わされた事業展開となった。

　ここではまず、1981 年 8 月の豪雨で特に被害が大きかった豊平川の支川、野々沢川とオカバルシ川の土砂災害と砂防施設計画について概要を述べる。また、その計画に基づき対策が施された区域は、2014 年 9 月 11 日の豪雨時に被災せず、効果がある程度検証されたので、その調査結果をまとめた。

4.1.2 野々沢川流域の土砂災害と砂防計画

　豊平川の支川野々沢川（流域面積3.7km²）では、1981年8月24日に洪水が発生し、国道橋から下流部の河道が流出土砂により完全に埋塞し、住宅地に濁水と土砂が氾濫した（吉井・馬場，1982）（**図4.1.5**、**写真4.1.4**）。災害を引き起こした土砂は、主に野々沢川扇頂部あたりの河岸決壊・河道侵食により生産され、土砂流となって狭く屈曲した河道を流れ下った。中流部では既存の護岸が決壊し、家屋が転倒し橋梁が破壊された。国道橋直上流では屈曲部の河道から土砂流が溢れ、市道を駆け下り、国道が一時通行止めになった。国道から下流では、河床勾配の急変点から土砂堆積が始まり、河道埋塞を起こして土砂流が住宅地を襲った。野々沢川流域の被害は、家屋全壊1戸、半壊6戸、床上浸水37戸、床下浸水283戸と記録されている（吉井・馬場，1982）。

　被災後に野々沢川流域を踏査し、土砂流出や堆積の痕跡を調査したところ、上流山地部の土砂流出よりも中流部の扇状地上の土砂移動量が大きいことがわかった。**図4.1.5**に示すように、上流部から流出した土砂量は約2,000m³であり、扇頂部で河岸崩壊や河岸侵食により流出した量は約5,400m³と推算された。そして、そのうちの約4,500m³が下流部の住宅地や道路に堆積した。小規模な侵食や堆積を引き起こした土砂量を合わせると、豊平川本流に流出した土砂量は2,500m³ほどとされている（吉井，

写真4.1.4　野々沢川河道埋塞、土砂氾濫状況

豊平川

土砂・洪水氾濫

河道埋塞

国道230号

豊平川への
流出土砂量　約2,500m³

下流部の
堆積土砂量　約4,500m³

野々沢川

約5,400m³

約2,000m³

0　　　　500m

国土地理院空中写真に加筆　（1982年）HO821-C7-18, C8-20
図4.1.5　1981年野々沢川の土砂災害状況

2015）。

　このような災害を踏まえ、1982年から直轄砂防事業が始まることになっ
たが、計画的に施設配置を行う上で3つの大きな課題があった。まずは、
住宅密集地を流れる下流河道の流路工実施について、断面が小さく屈曲し
た流路の改修と、河道埋塞の原因となった勾配急変点の解消である。次に、
国道上下流の流路工実施のタイミングで、間近に迫っていた国道230号拡
幅と工事が輻輳することである。狭い工事現場内において、国道の交通を
確保しつつ拡幅を行い、河川の流水を切り回して改修することは困難であっ
た。そして3点目は、扇頂部の土砂生産の抑制を急ぐことであり、それが
満足されなければ、下流部の流路工の河道埋塞・溢水氾濫の恐れが解消さ
れない（吉井ほか，1984）。

これらの課題は、優先順位をつけた施設施工計画、計画的な用地処理、他事業との綿密な調整により、一つずつ乗り越える必要があった。まずは上流からの土砂流出を抑えるため、野々沢川第１号ダムに着手し、それに続く流路工を実施し、扇頂部の土砂生産の低減を図る。上流の整備がある程度進んだところで、国道の拡幅に合わせて国道橋の改築と流路工を同時施工し、効率的・効果的・経済的な工事実施を目指した。また、その下流部の住宅密集地の流路工整備のために、市街化が進む寸前の土地を確保した。そして、豊平川に向かって新水路を開削することにより、勾配急変点の解消も可能となった。扇頂部からの土砂流出を緩和させるため、調整地を設けた（**図 4.1.6**）。これは、先行実施した下流部流路工が、流路幅を広

国土地理院地図に加筆

図 4.1.6　野々沢川の砂防施設配置計画

げ勾配を緩和するため、土砂堆積を助長する恐れがあり、その危険性を軽減するためである。

このように、1981年土砂災害を契機にまとめられた砂防計画においては、野々沢川1号ダムを設置し上流からの土砂流出に備えつつ、その下流の扇状地上の土砂移動に焦点を当てたものとなっている。扇状地上の流路工と調整地の設置は、流出土砂を遊ばせ、再移動を軽減させる水辺緩衝空間の整備ということができる。

この地域では1981年豪雨を超えるほどの大きな降雨はなく、激しい土砂移動現象は見られていない。2014年9月11日には、石山地点で連続雨量190mm程度の大雨に見舞われたが（1981年8月は263mm）、砂防ダムは未満砂のままで、流路工内の土砂移動痕跡も見られなかった。この程度の雨では土砂流出が激化しないことが確認できて安堵した次第である。しかし、今後も豪雨により流域が荒廃し、上流域の土砂流出が激化する可能性も含めて、見守っていく必要がある。

4.1.3　オカバルシ川流域の土砂災害と砂防計画

オカバルシ川は石山地区を流れる豊平川の支川で、流域面積は約7km²と野々沢川よりも若干大きな渓流である。1981年8月下旬の豪雨時には、国道橋上流において溢水寸前まで水位が上昇し、住居の基礎が洗掘された（**写真4.1.5**）。この箇所に引っかかった流木を取り除こうとした方が、不幸にも流れに落ちて亡くなるという事故が起こった。また、国道橋直下の

写真4.1.5　オカバルシ川河岸決壊

曲流部で小規模の溢水氾濫が起こったが、大災害には至らずにすんだ。

　オカバルシ川の上流部には、北海道による砂防えん堤が 1975 年に完成しており、その上流の林道が決壊したものの、その土砂は砂防えん堤に貯留された。この流域においても、上流部よりも中下流部の扇状地上で土砂移動が激しかったと報告されている（吉井・馬場，1982）。

　オカバルシ川流域においても、災害後に土砂移動痕跡などの現地調査が行われた。1981 年時点で砂防えん堤は未満砂であり、その上流からの約 6,000m³ の流出土砂は上流に留まっていた。また、砂防えん堤から下流で河岸侵食や河床洗掘が見られ、中流部から約 6,000m³ の土砂流出があったと推定されている。オカバルシ川から豊平川への流出土砂量は、河岸決壊や支川からの土砂流出と合わせて、約 13,000m³ とされている（**図 4.1.7**）。

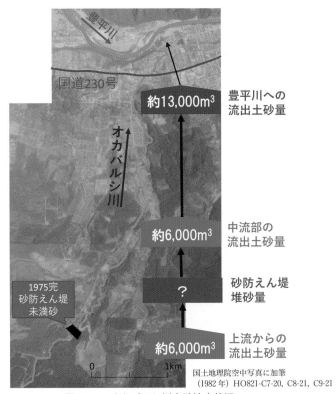

図 4.1.7　オカバルシ川土砂流出状況

このように、オカバルシ川では、上流部よりも、中・下流部の扇状地上の河岸侵食や河床洗掘による土砂移動の方が深刻だったようである。そこで、オカバルシ川の土砂災害被害を軽減するためには、扇状地上の土砂のコントロールが重要と考えられた。

　当時、オカバルシ川流域においても宅地開発が急激に進行しており、国道の拡幅も間近に迫り、中・下流部の整備を急ぐことが求められていた。中・下流部は土砂の移動が激しい上に、保全対象が近いため、直接土砂災害を引き起こす恐れが大きい。そのため、市街地の拡大に遅れを取らずに砂防対策のための空間を先取りする必要があった（**図 4.1.8**）。

　オカバルシ川上流部においては、1982 年の直轄砂防事業開始に先立っ

図 4.1.8　オカバルシ川砂防施設計画

て、もう一基の砂防えん堤が北海道によって建設された。そのおかげもあって直轄事業では下流部の整備に集中することができた。国道橋改築とも歩調を合わせて、国道上下流の流路工整備による流下能力不足地点の改修が可能となった。

　下流部の流路工整備を先行して進めるためには、流路工区間への土砂流入による河道埋塞を防ぐ手立てが必要である。オカバルシ川では、砂防えん堤から下流に、土砂の動きを低減させる床固工群と遊砂地が計画された。これは、1981年豪雨で土砂移動が激しかった箇所に、水辺緩衝空間を先行的に確保したということもできる。床固工群は、土地利用がそれほど進んでいない箇所において、ある程度の土砂氾濫を許容し、下流への流出を軽減させる効果を持っている。遊砂地は、強固な基礎地盤や谷地形がない扇状地上で、平面的に土砂をコントロールする施設である。

　2014年9月の出水後、現地調査を行ったところ、オカバルシ川流域においても、大きな土砂移動は確認されなかった。中流部の遊砂地に40m³程度の土砂が堆積した程度であり、それ以外に目立つ土砂移動の痕跡は認められなかった。30年ほど前から進められてきた砂防事業の実施区域では、2014年の出水を経験しても、土砂移動による被害がないことが確認された。

4.1.4　豊平川流域の土砂災害を引き起こした土砂移動の実態

　1981年洪水時に豊平川本川の南19条大橋上流において、低水路が埋塞するほどの土砂が堆積した。その土砂の発生源を調べるため、災害前後の河川縦横断測量、上流部の空中写真解析、各支流の土砂移動痕跡調査、上流ダムの堆積土砂量などを総合的に検証した。もちろん、これらの土砂量データーには精度の違いがあるので、細かな解析には使えないが、大まかな傾向を把握することができる。これにより、上流からの土砂流出や支川からの土砂供給よりも、本川の侵食量が大きく影響していることがわかった（**図4.1.9**）。

　本川の低水路埋塞を起こした土砂量は約30万m³であり、その上流部で約50万m³の侵食が生じている。支川からの流出土砂量は、土砂移動の激

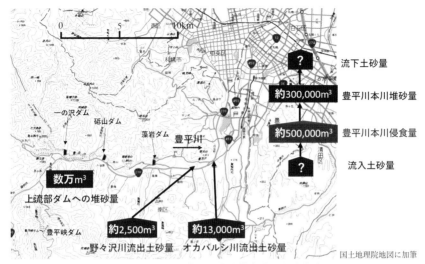

図 4.1.9　1981 年豊平川土砂災害時の土砂移動

しかった野々沢川で約 2,500m³、オカバルシ川 13,000m³ で、本川の移動
量に比べるとはるかに少ない。

　上流から豊平川本川に流入した土砂量は把握できていないが、豊平峡ダ
ム、一の沢ダム、砥山ダム、藻岩ダムなどの多目的ダムや利水ダムにより、
流出土砂の多くは貯留されたと考えられる。そして、当時の多目的ダムや
利水ダムなどの土砂堆積量を確認すると、せいぜい数万m³ 程度の動きで
あり、本川の侵食量の規模に比べると少量である（吉井，2015）。

　一般的に土砂災害は、山地地域からの急激な土砂流出が原因と見られが
ちで、谷の出口より上流で流出土砂を抑えることが求められる。しかし、
1981 年の豊平川流域では、支川の扇状地上の土砂移動により災害が発生
しており、上流山地地域の土砂移動量はそれに比べて少量であった。そし
て、豊平川上流域からの流出土砂や、土砂災害が発生した支川流域の土砂
移動よりも、豊平川本川の動きの方が激しいことが確認された。豊平川本
川の堆積土砂量は、その上流部の侵食量に比べて小さく、本川の土砂移動
が低水路埋塞の主因であったようだ。そして、残りの土砂は豊平川下流へ
と流下していったと考えられる。

　当初、豊平川上流域の荒廃が激しく、そこからの土砂流出が莫大である

ことを想定して、その土砂流出抑制が直轄砂防事業の主目的になると考えられていた。しかし調査結果によると、上流からの流出土砂量よりも、河道内で移動する土砂量の方がかえって大きいことが明らかになった。すなわち、上流域からの土砂流出を抑制するだけでは、1981年のような土砂災害を防止することはできないということだ。一方で、豊平川流域の支川で甚大な土砂災害が発生したことは事実なので、支川の特に扇状地上における土砂移動の制御に焦点を当てることになった。

1981年洪水の後、豊平川本川の南22条大橋から上流部はさらに河床低下が進み、低水路護岸の根継ぎや橋梁の橋脚補強などの対策が必要になっている。真駒内川合流点から上流では、河床材料が流出してしまい、軟岩河床が現れ、さらに滝状に深掘れしており、環境保全上からも問題視されている。

これらの問題は、上流のダムや河川改修による土砂供給量の低下、ダムの流況調整による低水路の固定化、河畔林の成長などとの関係において総合的に検討されるべきと考える。1981年の土砂移動の実態によると、必ずしも上流からの土砂供給が連続的、直接的に下流河道に影響を与えるわけではないようだ。今後とも、流域を総合的に長期的に調査して確認していくことが求められる。

4.1.5 1981年豊平川土砂災害とその後の調査による 砂防計画の検証とまとめ

1981年豪雨による土砂災害の実態とその後の流域の状況は、土砂移動に対する一般常識や、それまでの対策の考え方と相容れない部分もある。しかし、2014年豪雨後の状態を見ても、土砂移動は最小限に抑えられており、当時の計画はおおむね妥当であったと考えられる。

これらの事実と経験は、今後の流域を見る視点や、他の地域の対策にも活かされるべきと考えた。再度要点をとりまとめ、強調しておきたい。

① 支川の扇状地上の土砂移動が災害を起こした

1981年8月の土砂災害は、野々沢川やオカバルシ川に見られるように、支川が形成した扇状地上の土砂移動が原因であった。上流からの流入土砂

よりも、扇状地上の侵食現象による土砂移動が激しく、その氾濫堆積によって土砂災害が発生した。

② 豊平川本川の土砂移動規模が大きい

災害を引き起こした支川の土砂量や豊平川本川上流の土砂流出量よりも、豊平川本川の中流部の土砂移動量の方がはるかに大きい。そして、本川に堆積した量よりも、その直上流部で侵食され流出した土砂量の方が大きいことがわかった。上流山地からの土砂は一気に流出するのではなく、河床や河岸に一時留まり、それが断続的に移動すると考えるべきであろう。

③ 土砂動態に応じた対策を検討すべき

上記の結果を踏まえて土砂災害対策を行った結果、流域の土砂移動現象はおおむね抑えることができた。支川においては、扇状地上の土砂移動現象を緩和することに集中し、上流からの土砂流入に対しては、遊砂地などの水辺緩衝空間の機能に期待すべきである。

④ 地域の発展状況に合った計画が重要

豊平川砂防事業においては、市街地の発展や国道の拡幅にあわせて対策が進められた。上記の土砂移動動態を十分に理解した上で、地域の発展などの社会状況にも配慮することにより、効果的、効率的な対応が可能となる。

このように、土砂災害が発生した流域において、土砂生産と堆積が起こった場と被災箇所の関係を冷静に判断していくことが重要である。土砂移動現象の激しい箇所と保全対象の位置関係も考慮して、優先順位を考えた段階的な整備計画が求められる。そして、上流からの土砂流出を滞留させ、再移動を軽減するような遊砂地などの水辺緩衝空間が有効であることが分かってきた。

4.2 十勝川流域戸蔦別川の土砂災害対策

戸蔦別川は日高山脈の荒廃地にその源を発し、岩内川を合わせ、十勝川の一次支川である札内川に合流する流域面積 187.7km² の荒廃河川である。

戸蔦別川上流部は急峻な渓谷状を呈し、中下流部には過去に大量に流出した土砂で構成される扇状地形が形成されている。この流域では1955年から1981年まで6回もの土砂災害・水害を受けた経緯があり、1980年代までは主に上流域の砂防事業や治山事業が進められてきた。

北海道には山麓・火山麓・台地といった山麓緩斜面が広く分布しており、これらは扇状地堆積物・段丘堆積物・降下火砕物などの未固結な堆積物に覆われている（吉井・松田・岡村，1986）。そのような堆積物が、豪雨の際に山麓緩斜面上で再移動して土砂災害を引き起こす恐れがある。

戸蔦別川床固工群の施設計画は、1986年から北海道開発局が構成した委員会の議論に基づいてまとめられた。委員会の議論の中で、山地地域の土砂貯留とともに、戸蔦別川中流の山麓緩斜面や扇状地上の土砂移動のコントロールの重要性が指摘された。そして戸蔦別川中流部の整備のため、戸蔦別川床固工群の整備が進められることになった。戸蔦別川床固工群は、1987年に着工した戸蔦別川第1号えん堤から下流へと続くもので、1988年から15基の床固工が施工され、完成している（**図4.2.1**）。

前節の豊平川砂防計画でも述べたように、山地地域から土砂が大量に流出すると、中流・下流部において河道埋塞が発生して、溢水氾濫の恐れが

北海道開発局　帯広開発建設部　資料提供　一部加筆

図 4.2.1　戸蔦別川位置図

ある。戸蔦別川流域においても、上流域と中・下流域の土砂移動対策のバランスが課題であった。ここでは、戸蔦別川流域の当初計画における土砂整備の方針と、その後の流域の状況について説明する。戸蔦別川床固工群による中流部の整備の効果については、2016年十勝川流域の豪雨災害後の調査により検証することができた。

4.2.1 　戸蔦別川床固工群計画の目的

　1987年時点の計画では、戸蔦別川流域の超過土砂量の40%以上が存在する扇状地区間の土砂移動現象を軽減し、下流保全対象の安全を確保するための対策に焦点が当てられた。超過土砂量とは、計画規模の降雨時に流出する土砂量を想定し、流下させても安全と考えられる土砂量を差し引いた量である。

　それまで戸蔦別川では、上流域の流出土砂コントロールを目的として、砂防えん堤3基と治山施設が建設されていた。当時は山地地域の土砂生産と土砂流出を抑制することに重点を置いて対策が進められていたが、上流域の砂防えん堤の堆砂量にはまだ余裕があった。そのため、より保全対象に近い区域に存在する不安定土砂の整備のため、床固工群計画が重要と位置付けられた（吉井・佐川・井野，1987）。

　施設計画の議論の中では、時系列的な土砂移動の経緯について、河床変動と平面的な河道の変化をもとに解析し（**図4.2.2**）、緊急性と優先順位が検討された。場所によっては500mもの幅で河道が変動している箇所があり、流路変動に伴う土砂流出の危険性が指摘されていた。

　戸蔦別川中流部では、平面的な流路変動が小さい狭窄部（節〜フシ）の河床低下に続いて、その上流部の堆積土砂が流出している様子が見られた。狭窄部の上流には、ヘビ玉のように広く土砂の堆積している拡幅部（腹〜ハラ）があり、流路変動に伴って土砂が流出すると推測される。そして、1947年から1982年にかけて、特に河床の低下の著しい箇所が上流から下流へと移動している傾向が見られた（**図4.2.2**）。すなわち、上流で生産された土砂が一気に下流へと流されるわけではなく、流出した土砂は河道内に貯留され、再移動して徐々に下流へと流出するようだ。

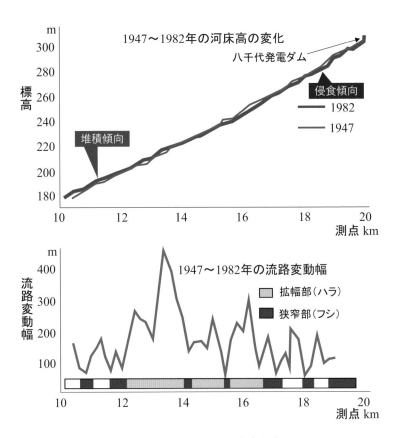

1947～1982年の河床高の変化

八千代発電ダム

侵食傾向 — 1982 / 1947

堆積傾向

標高 m：300, 280, 260, 240, 220, 200, 180

測点 km：10, 12, 14, 16, 18, 20

1947～1982年の流路変動幅

拡幅部（ハラ）
狭窄部（フシ）

流路変動幅 m：400, 300, 200, 100

測点 km：10, 12, 14, 16, 18, 20

1947～1982年の最低河床高の変化

河床低下の著しい箇所

1947-1956	上昇	上昇と下降		下降	
1956-1965	上昇		下降	上昇	下降
1965-1972	上昇	上昇傾向	上昇	下降傾向	上昇
1972-1977	上	下降	上昇	下降	
1977-1982	下降	上昇と下降	下降	上昇傾向	

吉井・佐川・井野（1987）：戸蔦別川中下流部砂防施設計画についてより（吉井加筆）

図 4.2.2　戸蔦別川の縦断的・横断的な変動履歴

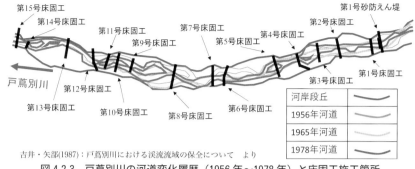

図 4.2.3　戸蔦別川の河道変化履歴（1956 年～1978 年）と床固工施工箇所

　そこで、土砂移動の激しい扇状地上で、土砂移動の規模を減じ、平面的に安全に滞留させる機能を持たせることが重要と考えられた。狭窄部（フシ）については河床低下を抑えるための床固工を設置し、また拡幅部（ハラ）の土砂再移動を軽減するために床固工と帯工を群として設置し、有機的に機能させる計画が立てられた（図 4.2.3）。これらの床固工群は、上流からの大規模な土砂流出の際には、一時土砂を滞留させる空間として機能することが期待されている。床固工群により生まれる空間は、土砂流出を平面的に軽減させる水辺緩衝空間ということができる。

4.2.2　戸蔦別川上流域の土砂生産と流出状況

　2016 年 8 月 17 日から 23 日の 1 週間に、北海道は観測史上初めて 3 つの台風の襲来を受け、8 月 29 日からは前線と台風 10 号接近に伴う豪雨に見舞われた（図 4.2.4）。戸蔦別川上流観測所では 8 月 29 日から 31 日までの累加雨量 505mm を記録し（図 4.2.5）、道東を中心に河川の氾濫や土砂災害が発生した。

　この記録的な豪雨による土砂災害の実態を調査することにより、土砂移動現象を明らかにすると同時に、戸蔦別川床固工群の効果を確認することもできるはずだ。そこで、現地調査（2016 年 10 月 18 日と 11 月 8 日）と北海道開発局の防災ヘリコプター映像（9 月 12 日撮影）により、戸蔦別川流域の土砂流出と被災状況を確認した。

　戸蔦別川上流域からの大規模な土砂流出が懸念されていたが、最上流部

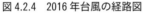

図 4.2.4　2016 年台風の経路図

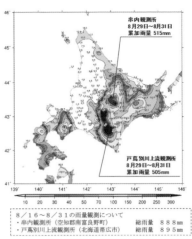

8／16～8／31の雨量観測について
・串内観測所（空知郡南富良野町）　　総雨量　888mm
・戸蔦別川上流観測所（北海道帯広市）　総雨量　895mm

北海道開発局　室蘭開発建設部　資料提供
図 4.2.5　2016 年道東の豪雨

に位置する戸蔦別川第 8 号砂防えん堤は未満砂であり、土砂の流出は分断されていたようだ（**写真 4.2.1**）。ヘリコプター画像では、砂防えん堤の堆砂域上流部の拡幅した緩勾配箇所に、細粒分の土砂が堆積しているように見えた。

北海道開発局ヘリコプター映像より

写真 4.2.1　戸蔦別川第 8 号えん堤堆砂状況

戸蔦別川本流の戸蔦別川第 8 号砂防えん堤上流よりも、支流であるピリ
カペタヌ川（**写真 4.2.2**）やオビリネップ川（**写真 4.2.3**）流域の荒廃が目
立っていた。そして、第 1 号砂防えん堤や床固工群区域に堆積した白っぽ
い礫は、オビリネップ川の河床材料と同色であり、第 8 号砂防えん堤の堆
砂域で目立つ赤茶色の土砂とは異なって見える。地質的には、ピリカペタ
ヌ川合流点から上流部はハンレイ岩、オビリネップ川周辺は花崗岩が分布
している（北海道地下資源調査所，1953）ので、その違いによるものとも
考えられる。

　戸蔦別川第 5 号砂防えん堤下流に位置する治山ダムは、オビリネップ川
との合流点直下流に位置していたが、今回の洪水で破壊された。破壊の原
因については、土石流の堤体への直撃、前庭部の洗掘に起因する本体の破
壊などが考えられる。そして、治山ダムに堆砂していた土砂は下流へと流
出したはずである。その治山ダムの下流で、清水の沢が合流しており（**写
真 4.2.4**）、清水の沢から土石流形態で流出したと思われる土砂が、合流点
で扇状に堆積している。

北海道開発局ヘリコプター映像より

写真 4.2.2　ピリカペタヌ川荒廃状況

清水の沢合流点から下流部には、もう一基の治山ダムと補助事業で建設された砂防えん堤があり、河道の拡幅部が見られる。破壊された上流治山ダムから流出した土砂は、拡幅部に滞留している可能性が高い。補助砂防えん堤から下流、八千代発電ダムまでの区間は、狭窄部が続いている。八

オビリネップ川

写真 4.2.3　オビリネップ川荒廃状況

清水の沢

戸蔦別川

写真 4.2.4　清水の沢からの土石流による扇状地

千代発電ダムは一部被災したが、その直下流部の橋梁が破壊されず残っていることから、通過した土砂量はそれほど大きくなかったと想定される。

4.2.3 基幹施設としての戸蔦別川第1号砂防えん堤

　戸蔦別川第1号砂防えん堤（**写真 4.2.5**）は堆砂が進み、幅の拡がった堆積地がさらに土砂堆積を促しているようだ。現地調査時には、えん堤の水通部から水叩き部にかけて、縦断的に流木と土砂が取り残されている状況が見られた。砂防えん堤を土砂と立木が乗り越えて流出したようだが、幅広く流れることで、勢いが弱まったようだ。

　戸蔦別川第1号砂防えん堤は、その下流部に設置された床固工群の基幹えん堤として計画されたものであり、下流部の状況を見る限り、その機能を十分発揮しているように見える。床固工群区間に流出土砂の異常堆積や過度の侵食がなかったことは、土砂流出を軽減しながら、適度に流下させていたと考えられる。

　戸蔦別川第2号砂防えん堤は、2016年豪雨時には第1号えん堤の直上流に建設中であり、部分的に被災を受けながらも流出土砂を留める効果を発揮した。第1号砂防えん堤と第2号えん堤設置箇所は、戸蔦別川のもともとの拡幅部であり、これからも土砂再移動を防ぎ、土砂滞留を高める効

北海道開発局ヘリコプター映像より

写真 4.2.5　戸蔦別川第1号砂防えん堤

果が期待できる。

4.2.4　床固工群施工箇所の土砂移動状況

　戸蔦別川第1号砂防えん堤下流部の第1号床固工・第2号床固工の区間
には、大規模な侵食や土砂堆積は見られないが、その下流部には河道の変
化に伴う土砂移動の痕跡が広がっている。その河道が大きく動いた形跡の
ある拡幅部に、第3号床固工と第4号床固工が設置されていた（**写真
4.2.6**）。第3号床固工には水通し部が2箇所設けられており、今回の洪水
も2方向に流下した様子がわかる。第4号床固工は拡幅部の流れを収束さ
せる形で設置されていたが、第3号床固工で分流した左岸側の流路により、
袖部が部分的に破壊された。

　第6号床固工と第7号床固工はポロシリ大橋をはさむように設置されて
おり、床固工の部分的な破損は見られたが、ポロシリ大橋は被災から免れ
た（**写真4.2.7**）。橋梁下流部で流路が右岸側へ首を振った痕跡があり、第
6号床固工上流部の護岸工が破損しており、この2基の床固工がなければ、
ポロシリ大橋は破壊されていた恐れがある。

　第8号床固工と第9号床固工の間で流路は左右岸に分かれており、ヘビ

北海道開発局ヘリコプター映像より

写真 4.2.6　戸蔦別川第3号・第4号床固工

北海道開発局ヘリコプター映像より

写真 4.2.7　戸蔦別川第 6 号・第 7 号床固工

玉（ハラ）とも呼ばれる河道の拡幅部がある（**写真 4.2.8**）。このような拡幅部で洪水流が首を振ると、下流への土砂流出が激化する恐れがあるが、床固工により洪水流は平たく拡がって、勢いが弱められたようだ。しかし、第 8 号床固工袖部左岸側には、小さな流路が形成され、袖部の外側に洪水があふれ出たように見える。拡幅部における床固工の袖部の破壊が、流出

北海道開発局ヘリコプター映像より

写真 4.2.8　戸蔦別川第 8 号床固工

土砂を増大させる恐れがあるので、袖部の貫入や補強の方法について検証していく必要がある。

　第10号から第12号床固工は、流路幅の比較的狭い区間に設置してあり、平面的には流路が安定しているように見えた（**写真4.2.9**）。ただし、第11号床固工の右岸袖部と側壁護岸工には破壊された跡が確認され、狭窄部において洪水流が集中し、破壊力が大きかったことがわかる。

　また、第10号・第11号床固工の水通天端上に縦断的に連続して土砂が堆積しており、床固工が群として土砂滞留を促したように見える。床固工群の間隔が狭すぎると、堆積土砂で埋没して洪水流が一気に流れ、流出エネルギーを低減できない可能性がある。逆に、床固工群の間隔が広すぎると、それぞれの床固工で土砂を留めても、その下流部の洗掘が土砂の再生産を促す恐れがある。今回の土砂移動状況を再確認することにより、床固工間隔の妥当性も検証できる。

　戸蔦橋もポロシリ大橋と同様に、第14号床固工と第15号床固工に挟まれており（**写真4.2.10**）、大きな被害はなかった。この地点では、左岸側の橋台を守るための護岸工が被災し、下流右岸側の侵食も進み、農地の基盤が少し削られている状況が見られた。床固工群による土砂コントロールが適切ではなかった場合、下流部に過度な土砂流出を許す、あるいは過度な侵食により下流に被害を及ぼす可能性がある。しかし今回の調査では、そのような極端な被害はなく、床固工群の効果があったとみられる。

　床固工群区間からさらに下流の岩内川との合流点付近の状況は、上空か

北海道開発局ヘリコプター映像より

写真4.2.9　戸蔦別川第10号〜第12号床固工

写真 4.2.10　戸蔦別川第 14 号・第 15 号床固工

らの映像で確認したところ、土砂堆積や侵食により荒廃が進んでいるようには見えない。それぞれの河川から流出する土砂がアンバランスであれば、合流形状に影響を及ぼすはずだが、今回の洪水による大きな変状はなかったようだ。

　戸蔦別川と岩内川合流点から 2km ほど下流に設置されている戸蔦大橋は、今回の出水で左岸側橋台の裏が侵食され、通行止めになった（**写真 4.2.11**）。戸蔦大橋は川幅が狭まった狭窄部に架けられているため、出水時には流速が早く、侵食が激しかったことがうかがわれる。この箇所の上流部・下流部には河道が動いた痕跡と土砂堆積が見られる。荒廃河川における橋梁架設にあたっては、設置位置と想定される土砂移動状況に配慮することが重要で、場合によっては床固工などの施設と組み合わせることが必要となる。

　今回の出水により戸蔦別川の堤防が破堤したが、その箇所は戸蔦大橋から 6km 以上下流であり、床固工群の影響があったとは思えない。少なくとも戸蔦大橋上流に土砂が大量に堆積していることが確認されており、上流からは土砂供給が充分あったことがわかる。床固工群による下流への土砂供給減少が下流部に悪影響を与えたわけではなさそうだ。

写真 4.2.11　破壊された戸蔦大橋

4.2.5　戸蔦別川流域の土砂移動実態の解析

　ここまで説明してきた 2016 年豪雨による土砂移動実態については、北海道開発局が公表している「十勝川流域における今後の土砂災害対策のあり方（案）参考資料」でも、ほぼ同様にまとめられている（**図 4.2.6**）。戸蔦別川第 8 号砂防えん堤の上流部は土砂流出が少なく、中流部右岸・左岸の支渓流で崩壊や土石流が多発し、土砂移動が激しかった。戸蔦別川本流でも、河床変動が激しかった区間と目立った変化のない区間に分かれている。床固工群設置区間は河床変動がある程度抑えられており、その下流部の岩内川合流点へと続いている。

　また、2016 年の戸蔦別川流域の土砂移動量については、洪水前後のレーザープロファイラーデーターにより解析されている（北海道開発局，2017）。レーザープロファイラーとは、航空機に搭載したレーザースキャナーによ

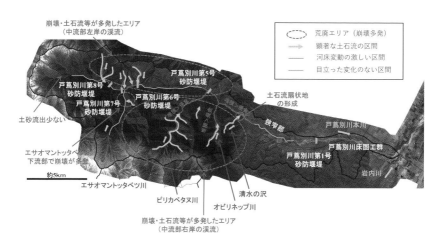

北海道開発局：十勝川流域における今後の土砂災害対策のあり方（案）参考資料より

図 4.2.6　戸蔦別川流域の 2016 年土砂移動の状況

り、地表面の標高を細かく正確に計測する技術である。2013 年に計測したデーターと 2016 年の出水後に計測したデーターの差分から、1m メッシュの地表の変化を読み取り、土砂移動実態が明確にされている。

　土砂移動の実態を大まかに見ると、上流から下流まで連続して一気に土砂が流れ下ったわけではなく、断続的に移動したことがわかる。上流域では、支川からの土砂流出が目立っており、その一部が山腹や河道内に留まり、また河床変動により移動規模を拡大して流れ下る場合もある。戸蔦別川第 1 号えん堤や建設中の第 2 号えん堤の個所では、幅広く土砂が堆積している。また河道が平面的に動くことによって土砂が再移動している箇所も多い。

　レーザープロファイラーによる土砂移動量解析により詳細に算出された結果を、大まかな土砂収支として**図 4.2.7** に表した。これによると、上流で生産された約 300 万 m³ の土砂量が流下する過程で、山腹や河道に留まったり、さらに侵食などにより拡大したり、あるいは砂防施設により調節されて 260 万 m³ の土砂が下流へと流出した。

　このように、生産土砂量と流出土砂量は 200 万〜300 万 m³ の規模だったのに比べ、斜面や河道に堆積した土砂量は約 80 万 m³、施設効果量の合計は約 60 万 m³ である。そして施設効果量のうち、上流部の砂防えん堤に

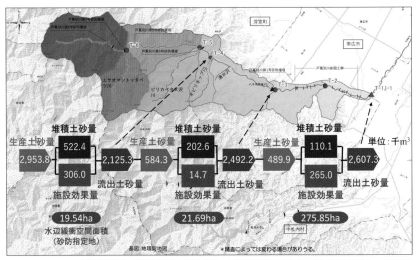

北海道開発局：十勝川流域における今後の土砂災害対策のあり方（案）参考資料より、吉井加筆

図 4.2.7　戸蔦別川 2016 年災害時の土砂収支と水辺緩衝空間

よる効果量の合計は約 32 万m³、第 1 号砂防えん堤と床固工群による効果
量は約 27 万m³ であった。これらを比較すると、施設によって土砂を貯留
するとともに、堆積した土砂が流出しないように留めることも重要と考え
られる。また、上流からの土砂流出を警戒するだけではなく、保全対象に
近い下流部の土砂の再移動に注意すべきとの判断は正しかったようだ。

　戸蔦別川第 1 号砂防えん堤と床固工群は、計画通り平面的に土砂を滞留
させて、上流からの土砂流出と土砂の再移動を緩和し、その効果量は 26
万 5,000m³ であった。これら施設は 275.85ha の砂防指定地に設置されて
おり、上流域の砂防えん堤群の施設効果量 30 万 6,000m³ と指定地面積
19.54ha に比べると、面積当たりの効果量が小さく見える。これは、狭まっ
た谷地形において深さ方向の土砂貯留を促す砂防えん堤と、床固工群の平
たく土砂を遊ばせる機能の違いである。そして、大量の土砂を溜めても、
その下流部の侵食による再移動で土砂生産を助長する可能性もあるので、
単純な比較は危険である。少なくとも戸蔦別川の床固工群は、2016 年豪
雨の際に、平面的な土砂滞留を促し、下流部の侵食や土砂流出を助長して
いないことが検証された。

2016 年の十勝川流域の土砂災害を調査した土木学会の調査団は、急流河川における側方侵食が深刻な災害を引き起こすと指摘している。ペケレベツ川と音更川では、広範囲にわたって側岸からの大規模な土砂供給があり、それが河道内に堆積し、さらに側岸侵食が進行したとされている。その現象は実験的にも確認され、側岸からの流出土砂が多いと、側方侵食を進行させる蛇行流路が発達し、土砂流出が連鎖的に大規模化する（山口ほか，2018）。戸蔦別川中流部でも同様な災害が起こりうるが、2016 年出水時には、床固工群によって側方侵食の連鎖的な大規模化を防ぐことができたようだ。

　しかし、2017 年から 2020 年までの北海道大学流域砂防研究室の継続調査によると、戸蔦別川の岩内川合流点から下流で河床が急激に低下していることが確認された。河床の砂礫が流出したことにより、脆弱な軟岩が露出して深掘れが生じ、侵食が上流に向かって進んでいるという。十勝川流域では、渋山川や然別川などにおいて、河床砂礫の流出に伴って火砕流堆積物などの軟岩が露出し、侵食が激化する現象が多く見られている（公平・武田・河合，2014）。洪水という大きなイベントが生じた後の河道の変化については、長期的にモニタリングしていかなければならない。

　このように、床固工群が水辺緩衝空間としての機能を発揮することがわかったが、今後確認すべき課題もある。床固工群で滞留させた土砂の再移動による危険性と、流出土砂の過度の抑制による侵食助長の恐れなどについて、検証していくことが必要である。また、狭窄部（フシ）の床固工の安定性や、拡幅部（ハラ）の床固工の必要性と適正な間隔についても、さらに検討することが期待される。戸蔦別川の事例を参考にして、2016 年豪雨災害で被災した十勝川流域の他の流域においても、水辺緩衝空間の活用が進むことを期待したい。

〈参考文献〉
大石久和（2015）：国土が日本人の謎を解く，産経新聞出版.
吉井厚志・馬場仁志（1982）：昭和 56 年豊平川災害と砂防計画，第 36 回建設省技術研究発表会，建設省.

吉井厚志 (2015)：1981 年の札幌土砂災害の概要，北海道の土砂災害に関する緊急セミナー 7，寒地土木研究所月報 No.748，2015 年 9 月.

吉井厚志ほか (1984)：豊平川上流都市区域における砂防施設計画について，第 27 回北海道開発局技術研究発表会.

吉井厚志・松田豊治・岡村俊邦 (1986)：北海道の山麓緩斜面における砂防施設計画について，砂防学会，第 35 回砂防学会研究発表会概要集.

吉井厚志・佐川弘明・井野伸彦 (1987)：戸蔦別川中下流部砂防施設計画について，砂防学会.

北海道地下資源調査所 (1953)：5 万分の 1 地質図幅「札内嶽」.

北海道開発局 (2017)：十勝川流域における今後の土砂災害対策のあり方（案）.

山口里美・久加朋子・清水康行・泉典洋・渡邊康玄・岩崎理樹 (2018)：河道内の土砂動態と流路変動の関係，土木学会論文集 B1（水工学）Vol.74，No.4，I_1153-I_1158.

公平圭亮・武田淳史・河合崇 (2014)：十勝川流域における河床低下リスク評価について，平成 25 年度北海道開発技術研究発表会.

5 | 火山周辺の防災と水辺緩衝空間

　近年、日本を含む環太平洋火山帯において、活発な火山活動や大規模な地震が目立っている。インドネシアのバリ島にあるアグン火山は、2017年9月に火山活動を再開し、11月21日の噴火により14万人が避難することになった（Dominic Faulder and Erwida Maulia, 2018）。また、フィリピンのマヨン火山は2018年1月14日に噴火し、その後56,000人が避難を強いられている（PHIVOLCS, 2018）。2010年から火山活動が活発になっていたインドネシア、スマトラ島のシナブン火山は、2018年2月19日に最大級の噴火を記録した。Nikkei Asian Review では、2018年4月4日のカバーストーリーの「環太平洋火山帯は活発になっているのか？（Is the Ring of Fire Becoming More Active?）」において、地球上の激しい火山活動に対して警鐘を鳴らしている。

　火山噴火に伴って発生する、火山性地震、地殻変動、噴石、火砕流、火砕サージ、火山泥流などの自然現象は、人々の生活や資産に激甚な被害を与えてきた。火山防災対策が進められているものの、火山現象の規模の大きさと強さから、防災施設による対応には限界がある。そして、降雨に伴って発生する洪水や土砂災害に比べて、火山活動は様々な現象を伴うこともあり、災害の発生する時期と規模は予測が困難である。そのため、ハザードマップや警戒避難体制の整備などのソフト対策と合わせて、人々の生活空間と火山の間に緩衝空間を設けることが重要になる。

　第1章で述べたとおり、日本の国土は地球上の陸地面積の0.25％を占めるに過ぎないものの、活火山（**図 5.1.1**）の数は世界の総数の7％である。また、日本の国土は山地が多く、可住地が限られていることもあって、火山周辺に住まざるを得ず、火山と共生する文化が育まれてきた。また、火山の恩恵を享受してきたことも事実であり、火山周辺には温泉などの観

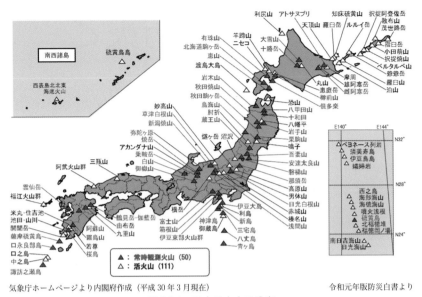

気象庁ホームページより内閣府作成（平成30年3月現在）
令和元年版防災白書より

図5.1.1　日本の火山の分布

光地が多く、山麓部の肥沃な土地における農業も発展している。

　北海道においても火山周辺に観光地が開けており、空間的な余裕を活かして、火山との共生の先進地ともいえる発展をしてきた。また火山噴火を契機に、研究者・技術者・行政組織の円滑な連携が進展し、専門分野を越えた、火山・防災・砂防などの横断的な協力関係も構築されてきた。

　特に、地域社会の存亡の危機を乗り越えてきた十勝岳や有珠山の経験は、国内においても、世界に対しても誇るべき事例である。1926年（大正15年）の十勝岳噴火と大正泥流で廃村の危機に至った上富良野町（当時は上富良野村）では、泥流に埋めつくされた地域が見事に復興した。有珠山周辺地域では、1910年の噴火で洞爺湖温泉が発見されて以来、1943〜1945年噴火、1977〜1978年噴火、2000年噴火の危機を乗り越えてきた。有珠山2000年噴火時には、洞爺湖温泉街に近接した火口から噴火し、泥流が温泉を襲ったが、噴火前の避難により犠牲者ゼロの奇跡を成し遂げた。

　十勝岳と有珠山周辺では、山麓地域に広大な遊砂地などの水辺緩衝空間が造成され、防災施設の整備とともに、その空間を活用した環境保全の取

り組みが続けられている。また、このような水辺緩衝空間において、持続的な防災教育や環境教育が実践されている。

5.1 | 十勝岳の火山噴火災害と防災対策

　十勝岳火山群は、オプタテシケ山（2,013m）から美瑛岳（2,052m）、十勝岳（2,077m）、上ホロカメットク山（1,920m）、富良野岳（1,912m）を経て、前富良野岳（1,624m）へと連なる火山列と、少し外れた下ホロカメットク山（1,668m）から成っている。十勝岳はこの火山群の中で最も高く、山頂部は溶岩ドームで構成されている。十勝岳火山群は20万年前から4万年前の火山活動で形成されたとされ、山体と山麓部はすでに侵食が進んでいる。

　3,500年前以降の十勝岳噴火の様子や規模については、現在の地形や地質をもとに、比較的精度よく推定されている。今までの火山活動の中心は火山列北西斜面上部であり、火口地形の変化、火砕流、溶岩流、泥流、降下火砕物を伴うものであった（内閣府，2007）。記録に残っているのは、1857年噴火から1988年噴火までの5回の噴火であり、近年は約30年ごとに活発な活動を見せている。

　十勝岳の噴火災害として広く知られているのは、1926年噴火に伴う火山泥流「大正泥流」で、小説『泥流地帯』（三浦綾子，1982）にも取り上げられた。十勝岳では、大正泥流に限らず4万年前から多くの火山泥流が発生したといわれており、富良野川流域の泥流堆積物調査などによると、14回の火山泥流発生履歴が明らかになっている（南里ほか，2008）。そして、近年になって高頻度で火山泥流が発生しているとされ、1926年の大正泥流で人的被害が甚大だったこともあり、火山砂防対策が強く求められるようになった。

5.1.1 十勝岳の火山噴火災害

　記録に残っている最古の十勝岳の噴火は、1857年（安政4年）である。1857年4月27日に十勝岳は噴火活動を開始し、翌年5月23日には噴火口から火柱が上がるのが確認された。それから30年たって1887年（明治20年）に噴火が再開し、翌年1888年には常時黒煙を吐き出すような噴火が記録されている（**表5.1.1**）。

　さらに30数年が経過した1923年ごろから、十勝岳は再び噴気活動が活発になり、1926年春に大正泥流を引き起こす噴火が起きた（**写真5.1.1**）。1926年5月24日12時過ぎの爆発に伴い最初の泥流が発生し、現在の白金温泉の近辺にあった畠山温泉を襲った。同日の16時17分過ぎに、さらに大規模な爆発が起こり、火口丘の北西側斜面の崩壊を引き起こした。その爆裂破砕物が熱い岩屑なだれとなって斜面をかけ下り、その一部が積雪を急速に融かして斜面を削剥したため、大規模泥流に発達した（新谷・清水・西山，1991、内閣府，2007）。この泥流は、富良野川と美瑛川に分かれて流下し、それぞれ上富良野町と美瑛町を襲った。富良野川をかけ下った泥流は、火口から25kmの距離にある上富良野原野に30分もかからずに到達したといわれている。この噴火により、死亡・行方不明を合わせて144人もの犠牲者を出す大惨事となった。

表5.1.1　十勝岳における火山噴火災害

年　代	噴火に伴う現象	現象と被災状況
1857（安政4）年	溶岩流・泥流	5月8日から激しい噴煙活動が目撃され、その後松浦武四郎が山腹から立ち上る噴煙を記録に残している。
1887（明治20）年	降灰	数回の黒煙噴出と降灰が報告された。
1926（大正15）年	大正泥流	5月24日、融雪型大規模泥流が発生。死者・行方不明者、美瑛村（当時）7名、上富良野村（当時）137名、合計144名。
1962（昭和37）年	降灰	6月29日、噴火に伴う放出岩塊により、硫黄鉱山宿舎の4名死亡、1名行方不明。白金温泉の観光客が避難した。
1988（昭和63）年から1989年	小火砕流	12月16日に小規模な水蒸気爆発、その後、小規模な火砕流、火砕サージが発生。12月24日から3月5日まで白金温泉に避難命令が出された。

内閣府：1926年十勝岳噴火，災害教訓の継承に関する専門調査会報告書，2007.

写真 5.1.1　1926 年十勝岳噴火

　このように 1926 年噴火では、爆発が山体崩壊の引き金になり、二次泥流に発展し、泥流は森林をなぎ倒し、大量の樹木を含む泥水となって家屋・橋梁・鉄道を破壊した。大正泥流については発生直後から研究が積み重ねられており、特に富良野川沿いの発生・発達〜流下〜氾濫の過程については、南里らにより詳しく報告されている（**図 5.1.2**）（南里ほか，2016）。

　泥流は、発生・発達域では 21.8〜43.0m/sec という高速でかけ下り、流下域では 14.0〜15.5m/sec、氾濫域は 2.5〜7.0m/sec の流下速度があったと推定されている。流下域（日新地区）と氾濫域の上流部（草分地区）には、石礫が堆積し、流木や泥土は残されていなかった（**写真 5.1.2**）。その下流部の三重団体東地区・西地区には、石礫は見られず、泥土と流木が 1〜2m の平均深さで堆積していた（**写真 5.1.3**、**5.1.4**）ことが、泥流体験

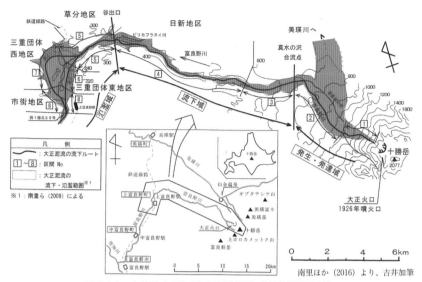

図 5.1.2　十勝岳大正泥流の流下状況（富良野川流域）

上富良野町郷土館より　矢印記入：南里智之

写真 5.1.2　大正泥流流下域の状況

写真 5.1.3　大正泥流、泥土の堆積　　　　上富良野町郷土館より

上富良野町郷土館より　矢印記入：南里智之

写真 5.1.4　大正泥流、流木の堆積

者の聞き取り調査により確認されている。

　大正泥流が通過した面積は約 29km² で、泥土として堆積した総量は、樹木などを含めて概算で 300 万m³ といわれている（内閣府，2007）。

　1962 年の十勝岳噴火は、1926 年噴火の直前と非常によく似た前兆現象の後に起こったが、操業を続けていた硫黄鉱山では、避難する間もなかったらしい。6 月 29 日 22 時ごろに噴火が発生し、硫黄鉱山宿舎に多数の放出岩塊が落下したため、鉱員 4 人が死亡、1 人行方不明、11 人負傷という被害があった。

　その後いったん噴火は休止したが、30 日の 2 時 45 分に主噴火が始まり、高温のマグマが火山弾、スコリア、火山灰となって激しく噴出し、硫黄鉱山宿舎は焼きつくされた。この噴火は、遠雷のような轟音を発し、500m の火柱を伴い、30 日朝には噴煙が高度 12,000m にまで達した。1962 年の活動は噴火規模が大きく、道東一帯が火山灰雲で暗くなり、降灰に見舞われるほどであり、噴出物の総量は 7.1×10^7 m³ と報告されている。

　それから 20 年ほど経て、1983 年ごろから十勝岳の群発地震や噴気活動が活発化し、1988 年 12 月 16 日に小規模水蒸気爆発が始まった。19 日夜半にはマグマ水蒸気爆発が起こり、火柱や火山灰雲、降灰、小規模な火砕流・火砕サージなどの現象を伴った。この噴火は 1989 年 3 月 5 日まで合計 21 回観測されたが、噴火規模は 1962 年噴火に比べて小規模で、噴出物の総量は 5.7×10^5 m³ であった。

　1988 年十勝岳噴火は、積雪時期に小規模ながら火砕流を伴ったことから、大正泥流のような融雪型泥流の発生が懸念された。上富良野町と美瑛町は、この噴火の直前に防災危険避難図を作成しており、12 月 16 日に火山噴火対策本部を設置して対応した。12 月 24 日噴火の直後には、両町は泥流危険区域の一部に、災害対策法上の「避難勧告・指示」を出すに至った。12 月 24 日の噴火で火砕流が積雪斜面上をかけ下ったことが確認されたが、幸い泥流に発達することはなかった。この噴火により、白金温泉は 12 月 24 日から翌年 3 月 5 日までの 3 か月余りにわたって閉鎖され、住民は避難生活を強いられることになった。

5.1.2 十勝岳の火山砂防計画

　1962年の十勝岳噴火を契機に、北海道によって富良野川流域の砂防事業が開始され、1986年から美瑛川流域でも北海道開発局により直轄砂防事業が行われることになった。また、美瑛川の支川である硫黄沢では、森林管理者である北海道営林局旭川営林支局（現在の北海道森林管理局旭川分局）が治山事業を実施していた。

　1988年十勝岳噴火時には、火山地域の土砂災害の危険性について、注目されるようになっていた。それは、1977・1978年の有珠山噴火災害、1980年のアメリカのセントヘレンズ火山の噴火、1985年のコロンビアのネバド・デル・ルイス火山の噴火泥流災害などが相次いだせいである。特に、ネバド・デル・ルイスでは火山泥流が大きな災害をもたらしており、十勝岳の大正泥流が再認識されるきっかけとなった。このころから、海外の火山災害の調査に参加した北海道の火山学者も、火山砂防計画に参画するようになり、火山学、砂防学の実質的な連携が北海道で始まったといわれている（内閣府，2007）。

　1987年から北海道開発局と北海道は、研究者と地元市町村、関係機関とともに十勝岳周辺火山泥流対策計画検討委員会を設置し、火山泥流も対象とした計画の検討を始めていた。そして、ちょうど計画がまとまった直後、1988年12月に十勝岳が噴火した（**写真5.1.5**）。この噴火を契機に日本で初めて十勝岳で火山防災避難マップが作成され、周辺住民に全戸配布された。そのマップは1926年噴火時の大正泥流がもとになっており、現在の防災マップに引き継がれている（**図5.1.3**）。

　十勝岳周辺火山泥流対策計画の議論を経て、関係機関により減災対策について下記のような合意がまとめられている（内閣府，2007）。対策計画や火山防災避難マップなどの準備がなされていたことから、1988年の十勝岳噴火時には噴火減災対応の機関連携が円滑に行われた。

① 十勝岳グラウンド火口の噴火口から噴出する高熱の火砕物により、積雪が融解し、大量な流水が山体の削剥、河道侵食を引き起こし、融雪型泥流に発達することを想定する。

② 富良野川筋と美瑛川筋への泥流の分流については、大正泥流の実績に

写真 5.1.5　1988 年噴火

合わせて 7 : 3 とする。

③　泥流被害を低減するために、森林域の森・川づくりや泥流の侵食防止・
　　氾濫促進を促す防災空間設定（遊砂域）で対処する。

④　美瑛川白金温泉のホテルなど泥流流下域の構造物の移転を促進する。

⑤　美瑛町と上富良野町市街地の上流側で泥流のエネルギーを低減させる
　　ために、上流域の森林地帯の遊砂機能を高め、巨礫や流木群を透過型
　　砂防ダムなどで選択的に貯留する。

⑥　濁水が主体の泥流は安全な導流を図り、まちづくり（農地・道路・市
　　街地再開発）と連携し、被害を減じることを目指す。

⑦　国立公園内の事業であるため、森づくり・川づくりによって、防災に
　　も効果のある自然な緑地の再生を図る。

⑧　ハードな流域基盤整備と合わせて、防災避難情報共有のための監視シ
　　ステムづくりを行う。

⑨　避難施設（一時避難所・避難路）の整備も進める。

　十勝岳の噴火に伴う土砂移動現象は、大正泥流に見られるようにエネル

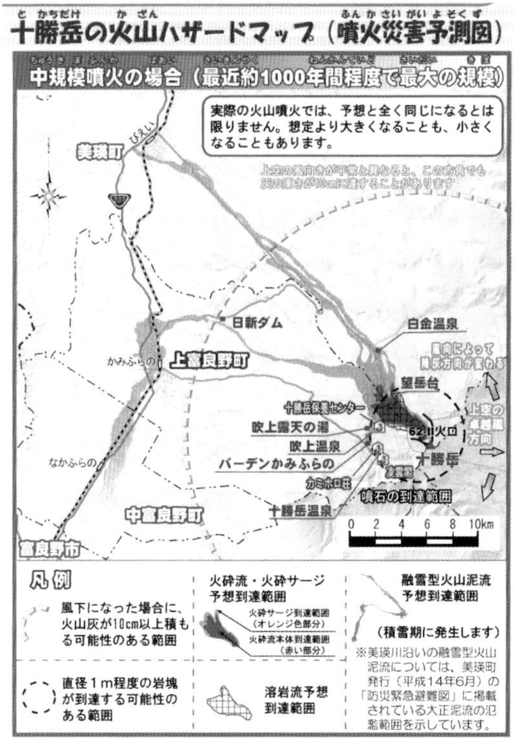

図 5.1.3　十勝岳火山防災マップ　　　　上富良野町（2006 年）より

ギーが強く大規模であり、山腹をかけ下りながら拡大する恐れがある。火山泥流の発生自体を防ぐことは困難なので、流下の際に斜面の土砂や流木を取り込む拡大過程を抑える対策が適している。そして、広い空間を平面的に利用して、火山泥流の勢いと量を低減させる遊砂機能の強化も重要である。上述の減災対策の中でも、防災空間設定、遊砂域、遊砂機能という表現で、空間的な広がりで対処することが明記されている。

　計画に基づき、十勝岳の山腹や谷の拡幅部を活用して、遊砂機能を促進する施設として、砂防えん堤・床固工群・帯工などの遊砂空間が設置されている（**図 5.1.4**、**写真 5.1.6**）。

　1989 年にまとめられた十勝岳周辺火山泥流対策基本計画（案）では、大正泥流相当の噴出物と融雪量の火山泥流が計画対象とされている。計画

127

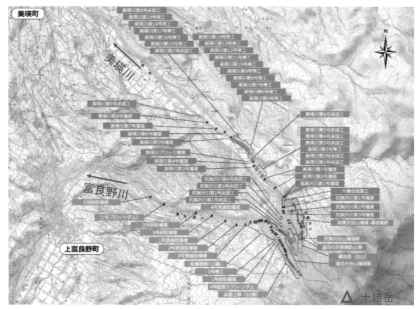

富良野出張所「十勝岳の火山砂防」より

図 5.1.4　十勝岳砂防・治山施設配置図

写真 5.1.6　富良野川の砂防施設群

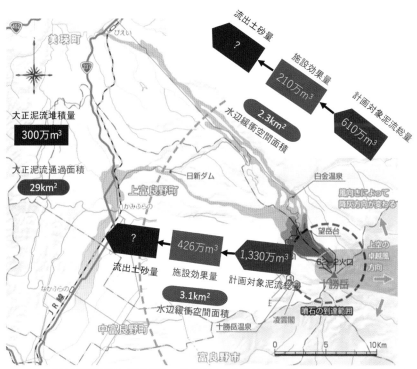

※基本計画泥流総量と施設効果量は、「十勝岳火山噴火緊急減災対策砂防計画に関する検討報告書」より
水辺緩衝空間面積は、旭川建設管理部と旭川開発建設部より砂防指定地面積として聞き取り（2019 年）

図 5.1.5 十勝岳の泥流に対する水辺緩衝空間の効果

対象泥流総量は、富良野川 1,330 万m³、美瑛川 610 万m³ で、そのうち、それぞれ 426 万m³、210 万m³ が施設で対応できる量とされている（**図 5.1.5**）。上流部における対策は、泥流発生・発達域における侵食防止と泥流発生の検知であり、中流部においては巨礫・流木の捕捉、土砂の貯留、泥流の誘導と制御を目指している。また、下流部においては、処理しきれない泥水の安全流下を促す。

5.1.3 十勝岳の水辺緩衝空間整備とその活用

2017 年までに整備された砂防施設と治山施設の土砂整備の効果量は、富良野川流域で約 479 万m³、美瑛川流域で約 186 万m³ である（上川総合振興局旭川建設管理部富良野出張所，2017）。上述した計画対象泥流総量

と比べると、富良野川流域で約36%、美瑛川流域で約30%の整備が進んだということができる。ただし、この計画対象土砂量は大正泥流発生時の噴出物や融雪水量の推定に基づいたものであり、これと同じ現象が起こるとは限らない。

　また、大正泥流と同等規模の火山泥流を全て貯留するためには、富良野川流域においては堤高50m規模の大規模えん堤が2基必要ともいわれている。その上、火山泥流の流下エネルギーは大きいため、泥流を全て施設により安全に止めることは非現実的に思われる。

　十勝岳における砂防施設は平面的に広い空間を占有しており、この施設用地である砂防指定地は、水辺緩衝空間と捉えることができる。富良野川流域で3.1km²、美瑛川流域で2.3km²の水辺緩衝空間が確保され、保全されている状況にある（**図5.1.5**）。大正泥流が通過した跡の面積総計は29km²とあり、その跡地の5.4%が水辺緩衝空間として整備されてきたことになる。この面積が十分かどうかは評価のしようがないが、火山活動という激甚で規模の大きい現象に対して、空間的な余裕を確保できたというだけでも意義が大きい。

　また、美瑛川流域の尻無沢川流域にある白金温泉についても、大規模泥流が発生した際には、完全に防御することは不可能である。1926年の大正泥流は、発生してから4～5分で白金温泉一帯を襲っており、泥流が発生してからでは避難する余裕もない。白金温泉の被害を軽減するためには、事前の火山観測監視体制の整備や、避難などのソフト対策に頼らざるを得ない。

　尻無沢川の下流部は1988年噴火前には暗渠化されており、豪雨時に土石流が白金温泉街を襲う恐れがあるとして、土石流危険渓流に指定されていた。その危険性の指摘に基づき、尻無沢川の整備が提案されていたものの、1988年噴火まで実現できなかった。

　尻無沢川では、土石流や泥流が流下する空間を確保するため、美瑛川との合流点にある白金温泉旅館や土産物店を移転させ、市街地の再開発を行う必要があった。そこで、1988年噴火後に美瑛町を中心として白金温泉街再編計画委員会と白金温泉尻無沢川流路工景観検討会が構成され、流路

工整備に合わせて観光地の魅力を高める提案がまとめられた。その計画に基づき、白金温泉街を再編し、流路工と合わせて景観に配慮した観光拠点が整備されることになった（**写真 5.1.7、5.1.8**）。

　また、白金温泉地区には火山泥流から安全に避難する場所がないことから、美瑛川を渡る避難路（橋）と防災拠点としての火山砂防情報センターが設置された（**写真 5.1.9**）。火山を監視し情報を提供して、事前の避難を安全に行う工夫である。火山砂防情報センターは、火山監視情報センター機能を持った防災拠点であり、平常時から火山防災の啓蒙にも利用されている。

　富良野川流域の上富良野町には、「草分防災センター」が火山活動の監視観測体制と緊急時の住民避難体制を構築するために設置された（**写真 5.1.10**）。このセンターは、既設砂防施設の緊急排土によって生じた土砂を活用して、嵩上げ盛土を行い、その上に上富良野町が建設したものであ

写真 5.1.7　尻無沢川と白金温泉

写真 5.1.8　尻無沢川流路工

旭川開発建設部より

写真 5.1.9　火山砂防情報センター

写真 5.1.10　草分防災センター

る。

　1962 年から続けられている十勝岳の砂防事業により、工事跡地の広大な裸地が目立つようになり、これを修復するための緑地再生が行われている。特に、富良野川の工事現場は、観光客が利用する道道十勝岳美瑛線からの展望も良い国立公園第 1 種特別区域であるため、在来植生群落を再生することが求められた。火山性荒廃地において確実に自然に近い植生を再生するため、現地で育っている植物を調査した上で、在来種を用い、自然の回復力を最大限生かす試みが続けられている。1988 年噴火以降、重点的に行われた現地調査に基づく植生回復試験により、播種によるミヤマハンノキ・ダケカンバなどが繁茂し、ヤナギ類・アカエゾマツ・トドマツなどの自然侵入、成長も確認されている。

　また、富良野川の大規模な砂防事業実施にあたり、北海道富良野出張所は親と子の火山砂防見学会を、継続的に実施している。これは、上富良野町からも全面的な賛同と協力を得ている企画で、防災教育と郷土の歴史、現状の理解を家庭から深めていくことを目指している（上川総合振興局, 2017）。この見学会は、1991 年から上富良野町の小中学校の恒例行事として定着しており、現場の担当者による砂防事業、大正泥流、植生回復の取り組みなどのわかりやすい説明も歓迎されている。

　一方で、十勝岳の大規模な火山現象に伴う土砂移動に対して確保した水辺緩衝空間は、予期していなかった観光資源として注目を浴びるようになった。それは、美瑛川の「青い池」と呼ばれる観光スポット（**写真 5.1.11**）

写真 5.1.11　美瑛町「青い池」　　旭川開発建設部より

で、砂防施設で貯留された水面が青く輝き、立ち枯れしたダケカンバの林と相まって幻想的な景観を醸し出している。近年、青い池を見に訪れる観光客が急増して渋滞が発生し、2018年に駐車場を急きょ拡大するほどの盛況である。

5.2 有珠山の火山噴火災害と防災対策

　有珠山は北海道の伊達市・洞爺湖町・壮瞥町の境界に位置し、内浦湾と洞爺湖に挟まれている、標高733mの活火山である（**図5.2.1**）。1663年に数千年間の眠りから覚め、2000年の噴火まで9回の噴火を記録している。その噴火のたびに火口の位置が移動し、山体も変容してきた。

　有珠山は、国内の火山の中でも特に噴火の記録が整理され、前兆現象が明確であることから、噴火予知と事前の避難が比較的容易といわれている。

北海道室蘭土木現業所「有珠山の砂防」より

図5.2.1　有珠山位置図

2000年噴火は洞爺湖温泉のすぐ近くで起こったが、事前避難が行われたことにより、人的被害を避けることができ、それは有珠山の奇跡とも賞賛されている。

洞爺湖温泉は、1910年の噴火時に洞爺湖畔の温泉湧出が発見されたのが起源である。その後、噴火のたびに被害を受けたが、復旧・復興を繰り返し、洞爺湖温泉街として発展してきた。洞爺湖も含めて、有珠山周辺の豊かな自然環境は、内外の観光客にも喜ばれている。有珠山は、火山地域の防災と環境保全、そして地域の発展の調和を考えるうえでも、貴重な地域である。

5.2.1 有珠山の噴火履歴

有珠山の北側に広がる洞爺湖は、火山噴火でできたカルデラ湖である。今から11万年ほど前に、大量のマグマを吹き出す大規模な噴火が起こり、火砕流が発生し、その噴出源が窪地（カルデラ）となって水を湛えるようになった。その後、今から5万年ほど前に、洞爺湖の中心部で溶岩ドームを形成するような噴火が繰り返され、現在の中島が形成された（宇井忠英, 2002、有珠山ガイドブック研究会, 2007）。

その後、2万年前ごろから洞爺湖の南側、現在の有珠山の位置で噴火が繰り返されるようになり、成層火山が生まれた。有珠山の東側に位置するドンコロ山と呼ばれるスコリア丘（火口から吹き上げた火山ガスを多く含むマグマが降り積もった小さな火山）も、この時期に形成された。成層火山としてそびえていた有珠山は、7〜8千年前に山頂部から南西部に崩れ落ちる岩屑なだれを起こした。この岩屑なだれの名残が、現在でも見られる、有珠山から内浦湾に向かって丘が多数点在する、「流れ山地形」である。

1663年8月13日から3日間、有珠山は前兆地震とともに、7〜8千年間の眠りから覚めた。8月16日には大量の火山灰や軽石を噴出し、火山灰は日高地方まで達した（**表5.2.1**）。その後も噴火が続き、マグマ水蒸気爆発に伴う火砕サージが繰り返し発生し、小有珠溶岩ドーム形成に至った。

1769年には、1週間ほどの前兆地震後の1月23日に、大量の軽石や火

表 5.2.1　有珠山における火山噴火災害

年　代	噴火に伴う現象	現象と被災状況
1663 年	大量の火山灰噴出・火砕サージ・溶岩ドーム	8 月 13 日から前兆地震の後、火山灰が日高地方まで達する噴火。半月ほどのマグマ水蒸気爆発で火砕サージが繰り返し発生。小有珠溶岩ドーム形成。
1769 年	降灰・火砕流・火砕サージ・泥流	1 週間ほどの前兆地震の後、1 月 23 日プリニー式噴火開始。南東山麓への火砕流に伴う火砕サージにより、長流川沿いの人家は全焼。泥流も発生。
1822 年	火砕流・火砕サージ・噴石・溶岩ドーム	3 月 9 日から 4 日間、前兆地震。12 日から強い地震とともにプリニー式噴火。15 日と 23 日に 2 回の火砕流発生。アブタコタンの約 380 人中 103 人が犠牲になった。山頂部にオガリ山が成長した。
1853 年	火砕流・溶岩ドーム	前兆地震が 9 日間続いた後、4 月 22 日に噴火。29 日に噴火が激化し、東山麓に火砕流流下。犠牲者は無し。5 月 5 日から大有珠溶岩ドームが成長。
1910 年	地割れ・泥水湧出・熱泥流	7 月 19 日に小さな前兆地震、21 日に地震が多く激しくなった。25 日に金比羅山に火口出現、その後北山麓に 45 個の火口ができた。熱泥流で 1 人が犠牲。明治新山（四十三山）が形成された。温泉が湧出。1 万 5,000 人が事前避難。
1943〜1945 年	火砕サージ・潜在ドーム・溶岩ドーム生成	12 月 28 日に前兆地震が発生。東山麓に移った震源近くの地面隆起。1944 年 6 月から 7 月に爆発が激化、火砕サージで湖畔の防風林・人家が焼失。潜在ドームと溶岩ドームが隆起し、昭和新山となる。
1977〜1978 年	山頂大規模噴火・火山灰大量噴出・泥流・地殻変動・潜在ドーム形成	8 月 6 日の早朝から有感地震多発。7 日 9 時 12 分に山頂から噴火。火山灰により山麓の住宅・農作物・森林が破壊され、地殻変動で建造物の被害多数。1977 年 8〜9 月西山麓で泥流。1978 年 10 月山麓で広く泥流被害。洞爺湖温泉街では、2 人死亡 1 人行方不明。火口原に有珠新山（潜在ドーム）形成。
2000 年	地殻変動・熱泥流・空振・噴石	3 月 27 日午後から火山性地震。その後、地震の激化、地割れ、地表の亀裂、断層群が確認された。31 日 13 時 7 分西山山麓でマグマ水蒸気爆発。4 月 1 日に金比羅山火口から熱泥流が発生、9 日・11 日には、西山川から熱泥流が溢れ、洞爺湖温泉小学校などに被害をもたらした。

参考:有珠山ガイドブック　日本語版, 2007.

山灰を放出する大規模な爆発的噴火であるプリニー式噴火が起こった。火砕流は南東山麓に多く流下し、火砕サージは長流川沿いの家屋を全て焼き尽くし、泥流の発生も記録されている。

　1822年3月9日から4日間の前兆地震の後、12日午後2時ごろ有珠山山頂西側で大きな地鳴りとともに、プリニー式噴火が起こった。そして、15日午後から黒煙の噴出に伴い火砕流が発生し、山麓を焼き尽くした。その後、火山活動は一段落したかに見えたものの、19日に噴火が激化し、23日午前7時ごろには2回目の火砕流が発生した。火砕流に伴う火砕サージによって、現在の洞爺湖町入江地区にあったアブタコタンの家屋は焼失した。アブタコタンに住んでいた約380人のうち103人が亡くなったと記録されている。噴火は3月31日まで続き、山頂部にオガリ山が形成された。

　1853年有珠山噴火は、4月22日に9日間の前兆地震に引き続いて始まり、29日には激しい噴火に伴い、火砕流が発生し東山麓を流下した。幸い、火砕流は人家のない地域を流下したので犠牲者は無かった。そして5月5日から、山頂部で大有珠溶岩ドームの成長が始まった。

　1910年7月19日、有珠山は小規模の前兆地震を引き起こし、21日には地震や揺れが激しくなり、周辺で地割れや泥水の湧出などが確認された。25日には金比羅山の火口から水蒸気爆発が起こり、それに続いて北山麓に45個の火口が形成された。火口から熱泥流が発生し、1人が犠牲になったと記録されている。8月には、湖畔の西丸山東側が隆起し明治新山（四十三山）が形成され、上昇してきたマグマを熱源とした温泉が湧出し、洞爺湖温泉となった。

　1943年12月28日に有珠山で小規模の前兆地震が起こり、1944年1月には火山性地震の震源が東山麓に集中した。そして、東山麓の柳原地区の麦畑、集落、道路、鉄道が隆起し、4月には隆起の高さが16mにまで達した。その後、隆起はフカバ集落のあった北側に移り、5月までに最高50m上昇した。6月22日には250回もの有感地震を記録するほどの火山活動に発展し、6月23日にはフカバ集落の西側で水蒸気爆発が起こった。7月2日から有珠山の噴火活動が激しくなり、火砕サージが防風林や家屋

を焼失させた。それから 10 月末までには大きな爆発が十数回発生し、7つの火口が形成された。

　この噴火による隆起に伴い、潜在ドームの火口群の中央部から溶岩ドームが成長し、海抜 407m の昭和新山が生まれた。溶岩ドームの表面はその熱で地表の粘土が焼き付き、赤褐色の天然レンガとなって覆われ、現在でも赤い山容を呈している。

　1943 年に始まった噴火は 1945 年 9 月に終息し、噴火に伴う昭和新山の生成とその成長は「ミマツダイアグラム」としてつぶさに観察され、記録されている。これは、郵便局長だった三松正夫さんが毎日同じ箇所から昭和新山をスケッチして、観察記録としてまとめたものである。有珠山の明治の噴火を経験した三松さんは、その当時から火山の勉強を積み重ねており、研究の一つの成果であるミマツダイアグラムは 1948 年の国際火山学会（オスロ）で発表され賞賛を浴びた。

　1977 年 8 月 6 日の早朝から、有珠山周辺では有感地震が多く発生し、8月 7 日午前 9 時 12 分に有珠山山頂から軽石噴火が始まった（**写真 5.2.1**）。この時の噴煙は高さ 1 万 m にも達する大規模噴火となり、14 日までに大小の噴火が継続した。この約 1 週間の噴火活動で、第 1～第 3 火口が小有珠ドームの東山麓に、第 4 火口が火口原北部に形成された。

　この噴火で大量の火山灰が噴出され、有珠山周辺の家屋や農作物、森林は多大な被害を蒙った。もともと軽石や火山灰で覆われた山腹や山麓斜面は、雨水が浸透しやすかったが、噴出した微粒子の火山灰で目詰まりを起こした。そのため、降雨の浸透が妨げられて斜面を流れ、流水が沢に集中すると脆弱な火山噴出物を侵食して、泥流に発展するようになる。このような状況で、1977 年 8～9 月に有珠山西山麓で泥流被害が起こった。

　その後も、有珠山の活動はマグマの上昇とともに活発化し、火口原を盛り上げ、北東側に有珠新山と呼ばれる潜在ドームが 40～50m の高さに成長した。また、地殻変動も激しく、北山麓では病院などの鉄筋コンクリート構造物が、断層のゆっくりとした動きのせいで、じわじわと破壊された。

　1977 年 11 月 16 日から小規模な水蒸気爆発が起こり、再び噴火活動が激化し、1978 年 10 月 27 日まで活発な活動が続いた。1978 年 7～8 月には

写真 5.2.1　1978 年有珠山噴火

　頻繁にマグマ水蒸気爆発が起こり、10 月 24 日には降雨に伴う大規模な泥流災害が発生した。この泥流により、2 人が亡くなって 1 人が行方不明となり、多くの家屋が破壊された。この噴火時の地盤の圧縮・断層・亀裂による有珠山北麓の被害は、全壊家屋 74 戸を含む 236 戸の損壊と、そのほか道路、上下水道、温泉泉源、配湯管など被災も多数あった。

　2000 年有珠山噴火の前兆現象は、3 月 27 日の火山性地震の多発から始まり、28 日には体感地震、29〜30 日には 7 回もの震度 5 弱の地震に発展した。そのほかの前兆としては、30 日午前の山頂部の地割れ、31 日に確

認された小有珠の亀裂、洞爺湖温泉の断層群、国道 230 号の亀裂などがあった。

　その後、有珠山のマグマの活動は、山頂部ではなく北西側の山麓に集中し、3 月 31 日 13 時 7 分、西山山麓でマグマ水蒸気爆発が始まった（**写真 5.2.2**）。4 月 1 日 11 時 30 分過ぎには、金比羅山西麓でも火口群が形成され、西山西麓の地殻変動の活発化と続き、金比羅火口からは熱泥流が流下した。この熱泥流は、西山川からあふれ出し、洞爺湖温泉小学校を破壊するなど、温泉街に多大な被害を与えた。

　その後、2000 年 5 月末あたりからマグマの上昇は止まり、地殻変動も 7 月末までにほぼ終了した。その後しばらく噴煙や空振、噴石や泥塊の噴出が続き周辺地域は悩まされたが、徐々に噴火活動は終息していった。

北海道開発局より

写真 5.2.2　2000 年有珠山噴火

5.2.2　洞爺湖温泉の発展と火山災害、防災施設の設置

　次に、度重なる有珠山噴火により被災しながら、復旧・復興してきた周辺地域、特に洞爺湖温泉街の空間的な変遷について見ていきたい。

　1910年の有珠山噴火で洞爺湖畔に温泉が湧出し、有珠山の北山麓に広がる扇状地上に洞爺湖温泉街が発展してきた。この扇状地は、有珠山噴火に伴う火砕流や泥流が積み重なって形成されたものであり、湖畔から温泉街が広がってきたことが、当時の写真から見て取れる（**写真5.2.3**）。1931年には、有珠山北山麓の扇状地上がゴルフ場、畑、運動場などに利用されていた。

　1953年ごろには、湖畔に旅館などの建物が立ち並び、湖畔から有珠山に向かって、扇状地上に道路と家屋が広がりつつある様子がわかる（**写真5.2.4**）。扇状地上には明瞭な沢地形や排水路は見られない。一般的に、火山周辺地域は火山礫や火山灰に覆われており、雨水の浸透が良いことから、通常時の雨水排水は軽んじられることが多い。また、この写真の上部には、扇状地の東側から土砂が流れ込む（写真の左から右方向へ）状況も写って

レストラン望羊蹄　小西悦子さんより借用・複製

写真5.2.3　有珠山北山麓の洞爺湖畔（1931（昭和6）年ごろ）

いる。これは「土砂押しの沢」と呼ばれていた地形で、斜面に溜まった火山性の堆積物が、降雨によって泥流などの形で流下して形成されたものと考えられる。

1977年の空中写真では、有珠山北麓の小有珠川と西山川により複合的に形成された扇状地上が、温泉街の建造物と道路に埋めつくされている（図5.2.2）。小有珠川と西山川は、上流部は沢地形を呈しているが、その下流部の扇状地上ははっきりした流路が認められない。西山川の谷の出口から下流部には、木の実団地と呼ばれるアパート群が建設されていた。

1977〜1978年の有珠山噴火は、山頂噴火であったために山腹・山麓部に大きな被害を及ぼし、特に上記のように発展してきた洞爺湖温泉街に与えたダメージは甚大であった（図5.2.3）。噴火により噴出した火山灰の細粒分が地表面を覆い、雨水が浸透しづらくなったため、斜面を流下した水は沢部に集中した。そして、水流の勢いが増すと、火山噴出物で覆われた脆弱な斜面を急激に侵食して、泥流に発展した。西山川の扇頂部に建設されていた木の実団地のアパートは、地殻変動により破壊され、1978年10

洞爺湖温泉中学校校長室から借用、複製

写真 5.2.4　有珠山北山麓の洞爺湖畔（1953年ごろ）

図 5.2.2　有珠山北山麓の洞爺湖畔（1977 年）

図 5.2.3　1978 年洞爺湖温泉の泥流災害

月の泥流の直撃を受けた（**写真 5.2.5**）。

1977〜1978 年有珠山噴火災害後、北海道により有珠山周辺地域を守るための砂防事業が精力的に進められた（**写真 5.2.6**）。土石流や泥流が流下する沢には、巨礫を捕捉するスリットダムや流出土砂を抑える砂防えん堤が建設され、扇状地上には泥流を調節する遊砂地や安全に流下させる流路工が設置された（**図 5.2.4**）。当時、全国で行われていた砂防事業は、谷の出口に設置する高めの砂防えん堤とそれに続く流路工が主流であった。有珠山の砂防事業では、地形的・地質的な制約から高い砂防えん堤は設置困難であり、扇状地上で平面的に土砂を広げてコントロールする遊砂地が現実的で効率的であった。これを契機に、遊砂地という工法が全国にも広まり、扇状地上の土砂対策が注目されるようになった。

1977〜1978 年噴火を契機として、以前には川さえなかった洞爺湖温泉街に、泥流を調節し、安全に流すための空間が配置された。1978 年に泥流が流下した範囲は約 27ha とされているが、その約 2 倍の 57.4ha の水

泥流流下

写真 5.2.5　1978 年木の実団地の被災したアパート

砂防えん堤

遊砂地

流路工

写真 5.2.6　1977 年有珠山噴火後に建設された砂防施設

1987年噴火後砂防施設整備

N

小有珠川

西山川

小有珠右の川

水辺緩衝空間
57.4ha

図 5.2.4　1977～1978 年噴火後の洞爺湖温泉周辺の砂防施設配置

辺緩衝空間が、砂防指定地として生まれることになった（**図 5.2.5**）。壊滅的な被害を受けた西山川流域の木の実団地は、砂防指定地となり、アパートなどの建造物が撤去され、砂防施設が整備された。

2000 年噴火は、有珠山の西側の西山山麓火口群から始まり、洞爺湖温泉のすぐ南側の金比羅山にも多くの火口が開いた（**図 5.2.5**）。上述の通り、この噴火は前兆現象が正確に把握され、16,000 人の避難が確実に行われたことから、人的被害を避けることができた。しかし、金比羅火口群から流出した熱泥流は、2 つの道路橋を押し流し、洞爺湖温泉小学校や温泉施設などを破壊した。はじめのうちは砂防施設が機能していたものの、粘性のある熱泥流が流路工を埋めつくし、溢れだして温泉街に広がった。2000 年噴火により荒廃した面積と泥流氾濫面積を合わせると約 135ha である。

1977〜1978 年噴火からの復旧・復興の過程で洞爺湖温泉を守るための砂防施設が整備されていたものの、2000 年噴火時には温泉街が再度深刻な泥流被害を受けた。洞爺湖温泉街に近い箇所で噴火が起こり、噴火口か

図 5.2.5　2000 年噴火による熱泥流流下

ら熱泥流が流れ出たので、防ぐことができなかった。この被害を踏まえ、北海道によって温泉街の南側に遊砂地が拡大され、この地域の水辺緩衝空間は 87.4ha になった（**図 5.2.6**）。

2000 年の噴火後に策定された有珠山噴火災害復興方針では、有珠山周辺地域を防災マップに基づく危険度に応じてゾーン分けし、より安全を目指した土地利用を促していくことになった。その基本理念としては、被害の回復と二次災害の防止を図り、将来の噴火による被害を最小限にするため、危険度に応じた土地利用区分を定めるとしている。土地利用区分の基本的方向としては、土砂災害の危険の高い区域については緊急に防災施設の整備を図り、将来の噴火に備えて災害弱者施設や住宅はより安全な地域へ移転誘導を促すことを上げている。ここでいう災害弱者施設とは、学校、病院、社会福祉施設のことである（北海道，2003）。これに基づいて、洞爺湖温泉小学校や協会病院などは、土砂災害や火砕流災害の恐れのない区域へと移転することになった。

図 5.2.6　2000 年噴火後に設置された砂防施設

有珠山周辺地域では、特に洞爺湖温泉街で顕著なように、噴火が起こるたびに生産・生活空間が変化してきた。1910 年噴火で温泉が発見され、過去の火山活動と土砂流出により形成された扇状地上に温泉街が拡大した。1943〜1945 年噴火では有珠山北東側が隆起し、農地が破壊された。1977〜1978 年噴火により、周辺地域が被災し、特に洞爺湖温泉街で約 27ha の範囲で大規模な泥流被害を受けた。その噴火災害の復旧・復興の過程で、温泉街の一部が防災施設として改変され、57.4ha の水辺緩衝空間が生まれた。2000 年噴火ではさらに被害が拡大した（約 135ha）ことから、防災施設を拡げ水辺緩衝空間は 87.4ha となった。噴火による災害復旧・復興に合わせて、将来の被害軽減のため、水辺緩衝空間を拡大してきた経緯がわかる。火山災害は、噴火に伴い引き起こされる自然現象の種類と規模と影響範囲が予測不能のため、少なくとも空間的な余裕を確保して有事に備えるべきである。

5.2.3　2000 年の火山噴火対応

2000 年噴火が洞爺湖温泉街のすぐ近くで起こり、16,000 人が避難し、1 人の犠牲者も出なかったことは、奇跡ともいわれている（北海道新聞社, 2002）。それが可能となったのは、有珠山の噴火予知の成功、関係機関と専門家、地域の方々、マスコミなどの良好な連携、1995 年のハザードマップの公表、地域の方々の火山に対する深い理解などの理由が上げられる。

2000 年 3 月 31 日の噴火の 4 日前、3 月 27 日に有珠山の火山性地震が増加したことから、室蘭地方気象台と北海道大学有珠火山観測所、壮瞥町などが連絡を取り始めた。北海道大学有珠火山観測所で研究と観測を続けていた岡田弘教授（当時）を中心に、情報交換が円滑に行われた。岡田教授は、「有珠山のホームドクター」とも呼ばれ、関係機関や地域の方々との信頼関係を日ごろから築いており、それが緊急の際に役立ったといわれている。

3 月 28 日には、室蘭地方気象台から 0:50「火山観測情報第 1 号」、2:50「臨時火山情報第 1 号」が出された。これらは、「火山活動に十分注意してください」との呼びかけであり、これをもとに北海道と地元市町村による

災害対策本部設置などの体制づくりが始まった。

　3月29日10:00から壮瞥町の公民館では、岡田教授による会見が行われ、有珠山が「一両日中から数日以内に噴火する可能性が高くなった」と表明された。また、気象庁では10:00から火山噴火予知連絡会拡大幹事会が開催され、「数日以内に噴火する可能性が高く火山活動に警戒する必要あり」との見解が出された。そして、11:10に室蘭地方気象台から、日本で初めての噴火前の「緊急火山情報第1号」発表に至った。この見解が、災害対策基本法に基づく各市町村による『避難勧告』、そしてより拘束力の強い『避難指示』発令につながった。

　29日18:45に北海道は伊達市役所に「現地災害対策本部」を設置し、災害応急体制に入った。18:55には、国、道、地元市町村、消防、通信、電力など41関係機関の情報共有と対策推進を目的とした「有珠山現地連絡調整会議」（のちに「有珠山噴火非常災害現地対策本部」に移行）が伊達市役所内に設置された。

　3月30日9:00から伊達市役所で行われた有珠山現地連絡調整会議において、「長時間の揺れが続いており、爆発的な噴火を起こす可能性が高い」との有珠山北西部噴火の可能性が指摘された。当時のハザードマップでは山頂噴火を想定しており、有珠山北西部の噴火に備えて火砕流や火砕サージに襲われる区域を見直す必要が生じた。そして、9:30には虻田町が危険区域を拡大し、その拡大箇所について避難指示を発令した。

　3月31日9:00から開催された現地連絡調整会議では、火山活動の状況報告、火山活動に備えた行動計画、監視体制の強化、避難住民に対する対応などの議論があった。この会議は、テレビでマスコミや避難住民にも公開され、また北海道庁に設置された「北海道災害対策本部」ともテレビ会議で繋がっていた。

　このように有珠山噴火対応の体制が整いつつある中、3月31日13:07に山頂火口原の北西部、小有珠西側から最初の噴火が起こった。この時の噴煙は、高さ3,200mまで上がったとされ、洞爺湖畔を中心に東方向の広い範囲に火山灰を降らせた。

　虻田町の避難指示対象人数は、避難指示区域の見直しもあって、結果的

に 9,935 人となり、町民の 97％に達した。すでに避難していた住民が再移動する必要も生じて、噴火後にも様々な避難方法が検討された。徒歩、自家用車、民間のバス、救急車、陸上自衛隊の車両、大型ヘリコプター、JR の臨時列車など使える手段は全て準備された。現地対策本部に報告された記録によると、避難作戦が完了したのは午後 6 時 55 分とされている。

　この噴火を契機に、政府として「有珠山噴火非常災害対策本部」が国土庁に設置され、有珠山現地連絡調整会議は「有珠山噴火非常災害現地対策本部」に移行した。19:15 には現地に政府調査団が到着し、有珠山噴火非常災害対策本部合同会議が開催された。

　有珠山噴火非常災害現地対策本部には、中央の関係各省庁から行政官が派遣されており、地元市町村長と火山学の専門家との円滑な連携が保たれていた。対策本部合同会議では、迅速で的確な判断のもとに対策が進められた。対策本部合同会議後には記者会見が開かれ、会議で決められて実施することがその都度公表された。

　専門家は毎日のようにヘリコプターによる上空からの監視を行っており、そのたびにマスコミに追いかけられる状況だった。そこで、専門家は監視から戻るたびに、記者会見を開催して、情報提供を行うことが通例となった。時によっては、直前に報道された事実誤認について、記者会見の場で専門家から教育的指導がなされることさえあった。

　このように、2000 年有珠山噴火災害対応においては、専門家・行政・地域の住民とマスメディアの連携が非常に円滑に機能したことにより、被害は最小限に収められた。この 4 者の連携については、岡田教授と宇井教授が「防災のテトラヘドロン（正四面体）」と称して、2000 年噴火前から防災の基本として提唱していたことである。

　2000 年有珠山噴火では、噴火が予知され、1995 年に公表されていた火山防災マップが本格的に活用されることになり、これは日本で初めてのことと評されている（宇井，2002）。事前に火山防災マップを作って防災意識を高め、いろいろな防災対策を講じることが重要なことは、1980 年のセントヘレンズ火山噴火や、1985 年ネバド・デル・ルイス火山の噴火災害でも明らかであった。北海道では、国土庁の火山防災マップ作成事業の

一環として、樽前山の次に有珠山のマップが発行されて、1995年に地元の全戸配布が行われていた。

　2000年3月27日に有珠山噴火の前兆現象が確認されると、地元自治体は火山専門家の助言を参考に、自主避難区域を設定し、その後警戒区域、避難指示区域へと切り替えて公表した。避難区域設定の根拠となったのは、火山防災マップに明示されていた「山頂噴火による火砕流及びこれに伴う火砕サージに襲われる可能性の高い区域」であった。ただし、前兆地震や地割れの形成区域が有珠山の北西側に偏っていたため、若干の応急修正をして発表することになった。

　2000年噴火後には、この有珠山火山防災マップは改訂され、改めて公表された（**図 5.2.7**）。しかし、危険な地域を公表するだけでは不十分で、

図 5.2.7　有珠山火山防災マップ

平常時もその地域を安全に有効に利用していくべき（岡田弘，2008）として、いろいろな取り組みも始まった。エコミュージアムや洞爺湖有珠山ジオパークなど、火山の恵みを活用する取り組みも盛り上がっている。

5.2.4　火山災害に備えた有珠山周辺の取り組み

　有珠山周辺市町村では、火山噴火災害に関して歴史的に非常に進んだ取り組みを行ってきた。特に壮瞥町では、昭和58年から子ども郷土史講座を開催しており、子どもたちは毎年有珠山と昭和新山に登るなど、火山に触れあう機会に恵まれている。そのような経験が2000年噴火対応にも生きたといえるだろう。1910年の有珠山噴火の際には、15,000人が避難し助かったという記録が残っている。

　奇跡といわれている2000年噴火と同様に、その20年から30年後といわれている噴火の際にも被害を最小限にする対応ができるよう期待したい。しかし、その頃には2000年噴火対応したほとんどの経験者が現役を引退しているはずである。そのため、2000年噴火対応の経験と防災対策について、次世代に伝えていくことが重要となる。次の噴火で活躍してくれるのは、2000年噴火当時の子どもたちや、そのまた次の世代である。

　2000年有珠山噴火災害対応の時に活躍された、北海道大学理学部の岡田弘教授と宇井忠英教授は防災教育に熱心で、噴火前からいろいろな活動を行っていた。2人は、2000年噴火災害対応に関わった行政機関にも、長期的な防災対策の一環として、防災教育への積極的な取り組みを求めた。有珠山噴火で被災した国道230号の復旧や、火山砂防事業を進めていた北海道開発局としても、事業の意義を広め理解を深める手段として、防災教育に注目するようになった。

　防災教育に関わる取り組みの手始めとして、関係機関が協力して有珠山防災教育副読本の作成が始まった。防災教育の主人公は教師と子どもたちであるから、伊達市・虻田町（当時）・壮瞥町から6人の小中学校教師が推薦され、有珠山火山防災副読本作成検討会を組織した。宇井忠英教授にコーディネーターをお願いし、長年壮瞥町の子ども郷土史講座を進めてきた三松三朗さんがアドバイザーとして参加した。

検討会の始まりは堅苦しい雰囲気であったが、回を重ねるごとに議論は弾み、面白いアイデアが踊り出した。副読本のキャラクターは可愛らしい熊に決まり、三松さんがマグマ君（真の熊？）と名付けた。子どもたちが副読本に興味を持ってくれるように、「調べてみようコーナー」、「行ってみようコーナー」、「やってみようコーナー」が盛り込まれた。検討会は熱を帯び、授業の試行や地域の方々との議論も踏まえながら、副読本の編集が着々と進められていった。

　2001年の秋から始まったこの検討会により、2003年3月に小学生版『火の山の響』（有珠山火山防災副読本作成検討会編，2003）、2004年3月には中学生版『火の山の奏』（有珠山火山防災副読本作成検討会編，2004）が発刊され、2005年3月には先生用のガイドブックが完成した。

　小学生版副読本『火の山の響』は、ルーズリーフファイルにカード形式で綴じられており、授業のたびに必要なカードを取り出すように工夫されている。中学生版『火の山の奏』は、多くの情報が盛り込まれており、大人が読んでも感心させられる内容である。このような副読本は、時間が経過するにつれて忘れ去られる傾向にあるが、まとめられた内容は観光ガイドブックや第8章で述べる防災環境教育にも発展し、活用されることになった。

5.3 ｜ フィリピン国マヨン火山の災害と防災対策

　マヨン火山はフィリピン国ルソン島アルバイ州に位置する（**図5.3.1**）、標高2,462mの成層火山で、噴火の頻度や規模において非常に危険な火山として有名である（**写真5.3.1**）。記録に残る最初の噴火は1616年2月19〜24日で、2014年8月12日まで51回の噴火が記録されている。そして噴火の度に溶岩流・火砕流・火山灰などを噴出し、山腹や山麓に大きな被害をもたらしてきた。また山腹や山麓に堆積した火砕流や火山灰は、豪雨時に大規模な泥流を引き起こして下流地域の人々を苦しめている。

図 5.3.1　マヨン火山位置図

写真 5.3.1　マヨン火山 1984 年噴火状況

5.3.1　1989年の現地調査概要

　わたしは台風委員会事務局在任中、1989年5月9日から11日にかけて、マヨン火山東南斜面の現地調査を行う機会を得た。この調査は、日本政府からフィリピン国公共事業道路省に派遣されていた専門家とともに、マヨン火山における技術協力について検討することを目的としていた（川上俊器・吉井厚志，1990、吉井厚志・佐藤徳人，1991）。

　フィリピン公共事業道路省は、マヨン火山の噴火活動に伴う土砂災害被害を軽減するため、砂防事業を続けていた。しかし、事業の進捗状況は遅々としており、災害が後を絶たない状況にあった。また、およそ10年ごとに火山噴火が起こり、そのたびに山腹の荒廃が進むため、防災施設だけでは対応しきれなかったことも事実である。

　過去のマヨン火山に関する日本政府の援助としては、1971年に行われたJICA（国際協力事業団、現在の独立行政法人国際協力機構）のマヨン火山砂防基本計画調査が最初であり、その後も技術協力・経済協力が続けられている。

　1989年の現地調査では、1984年9月の噴火で形成された山頂ラヴィーン（Summit Ravine：山頂峡谷）と2km^{2}の広さのボンガ火砕流堆積地、そしてその下流に続くパワ・ブラボド川流域に注目した。1984年の噴火時には、総量4,000万m^{3}の土砂（火砕流を含む）が流出し、3.9km^{2}の山麓斜面を埋めつくし、158戸の民家および8,000haの農地を全滅させた（Rodolfo. K. S., 1989）。それ以降も、土石流災害が頻発しており、特に山頂ラヴィーンとそれに続くマビニ流路の土砂移動現象が目立っている。また、下流のパワ・ブラボド川と、その土砂が流入するヤワ川の河床上昇が進んでいて、レガスピとダラガの市街地における洪水の危険性が指摘されていた（**図5.3.2**）。

　山頂ラヴィーンは山頂クレーター（標高2,459m）から標高600mまで約3kmに渡って、最大幅250m、最大深さ250mの規模で刻み込まれていた（Corpuz, E. G., 1985）。山頂ラヴィーンの両側の急崖からは絶え間なく土砂が崩落していることが確認され、その下流部にボンガ火砕流堆積地が広がっていた（**写真5.3.2**）。マビニ流路はボンガ火砕流堆積地の西側

マヨン火山　2,469m

2,000　1,500

1,000

山頂ラヴィーン

500

400

300

ボンガ火砕流堆積地

200

マビニ流路

100

元流路

アリンバイ川

土石流堆積地

導流提

マビニ・バランガイ

アルバイ湾

パワ・ブラボド川

ヤワ川

ダラガ

レガスピ空港

0　1　2 km

レガスピ市街地

図 5.3.2　マヨン火山東南側山麓の状況（1989 年時点）

写真 5.3.2　ボンガ火砕流堆積地

155

を回り込む形で形成され、渓岸は 10m 以上の垂直な崖を呈していた。マビニ流路に落ち込む左岸側の小さなガリーがボンガ火砕流堆積地を洗掘しており（**写真 5.3.3**）、このガリーと渓岸崩壊が拡大して、大規模な土砂生産源になることが恐れられていた。

　マビニ流路の標高 200〜300m の区間は、川幅 30〜100m 程度、深さ 3〜10m 程度の矩形断面で続いており、河床には 3m 以上の大礫も見られた。また拡幅部には、土石流段丘も発達し、以前の土石流による堆積・洗掘の痕跡もうかがわれた。

　ボンガ火砕流堆積地は元の流路を埋めつくし、山頂ラヴィーンを流下する土石流はマビニ流路を流下するようになった。1984 年噴火以前には、明確な谷地形がなかったところに、マビニ流路という新流路が形成されたことが明らかにされている（Rodolfo, K. S., 1989）。

　フィリピン公共事業道路省の地方事務所は、パワ・ブラボド川流域の砂防施設として、マビニ流路を横断する形で導流堤を計画していた。1989 年には導流堤を完成させて、河道を掘削し土石流をもとの流路に導く予定であった。しかし、この導流堤計画地点は周辺地盤よりも 3m 以上も洗掘

写真 5.3.3　マビニ流路に落ち込むガリー

されており、機能を復旧することは困難と見受けられた（**写真5.3.4**）。導流堤建設を継続したとしても、土石流が直撃する経路にあり、破壊され越流する恐れが大きいと思われた。

標高200mから下流には、マビニ流路を流下してきた土石流堆積物が、長さ3km以上、最大幅500mで広がっている。この土石流堆積物は直径5m以上の大礫を含み（**写真5.3.5**）、その総量は1,250万m^3と見積もられている（Rodolfo, K. S., 1989）。

マビニ流路の土石流堆積地から下流には、平坦な火山灰と礫からなる草地が広がっており、その中を幾筋かの水路（伏流水が湧き出てきたと思われる）が流れ、それらが合流し一つの流れ（パワ・ブラボド川）となってヤワ川に注いでいる。この平坦な斜面は、マヨン火山から流出してきたと考えられる幾層もの火山灰、土砂礫により成り立っている。そして、流水に侵食された痕跡が、複数の低い侵食面として残されていた。パワ・ブラボド川の段丘面とヤワ川の比高差は3mほどであり、パワ・ブラボド川はその段丘面を切り込むようにしてヤワ川に合流している。

ヤワ川はパワ・ブラボド川を合わせた後、レガスピ市街地の北部を貫流

写真5.3.4　破壊された導流堤

し、アルバイ湾へと注いでいる。1989年当時は、ヤワ川の河床上昇が著しく（**写真5.3.6**）、レガスピ市の洪水防御のため、堤防嵩上げと浚渫を行っていたが、河道断面の確保が間に合わない状況にあった。河床上昇の原因

写真5.3.5 マヨン火山マビニ流路に残された大礫

写真5.3.6 河床上昇が深刻なヤワ川

は、マヨン火山から、パワ・ブラボド川を通じて供給される大量の火山灰と考えられた。

5.3.2 調査に基づく防災対策の提案

マヨン火山周辺は、噴火に伴って起こる溶岩流や火砕流、また火山泥流や土石流などにより甚大な被災を受けており、常に危険があることが明らかになった。わたしたちは、それを踏まえて被害を軽減するための砂防計画について提案することになった。

ただし、砂防計画だけで火山に関わる全ての災害に対応することは不可能だ。噴火の位置、規模、質によって、発生する現象は異なり、それら現象の起こる時期、影響を与える範囲、規模についても予測することは難しい。特に溶岩流や火砕流に対してハードな施設だけで対応するのは現実的ではないし、かえって危険な場合もある。

砂防対策に合わせて、ソフト対策として危険区域の設定およびその公表、噴火予測のための観測体制の整備、避難路や避難施設を含む警戒避難体制の整備なども求められる。また、危険区域内の土地利用の規制や安全な利用のための誘導も重要である。

マヨン火山のハザードマップは、1985年にフィリピン火山地震研究所（PHIVOLCS）によって公表されていた（**図 5.3.3**）。それによるとマヨン火山の火口から多方面に溶岩・火砕流・火山泥流が流出する恐れがあるとされ、もちろん1984年噴火で被災した箇所も、危険区域として表されている。そして、ヤワ川の流下するダラガとレガスピ市街地は、火山泥流の流下と洪水氾濫の危険性が指摘されていた。

1989年段階の防災計画の提案としては、山頂からパワ・ブラボド川流域、ヤワ川までの土砂移動と洪水の対策に重点を置いた（**図 5.3.4**）。ハードな対策として、導流堤・砂防ダム・床固工などの建設を含む、水辺緩衝空間の確保を提案した。水辺緩衝空間の確保については、単なる場所の設定ではなく、効果的な導流堤・床固工などの構造物によって、防災機能を最大限発揮させる工夫が必要である。つまり、土砂が滞留しやすい空間の機能を高め、土砂を分散堆積させ、エネルギーを弱めることを目指す。ま

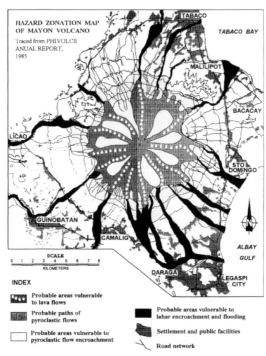

図 5.3.3　マヨン火山ハザードマップ（1985 年）

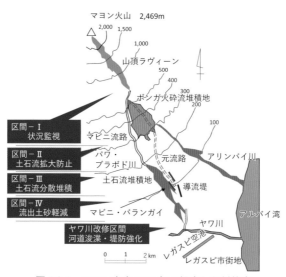

図 5.3.4　マヨン火山 1989 年に提案した対策案

た、これらの対策は大規模な火山活動や火砕流発生の際に土砂供給源とならぬよう、再移動を軽減する工夫が必要である。

1989年までは、導流堤により土石流の方向をコントロールすることを目指していたが、流路変動により、予定外の方向に流下した例が多く見られた。また、導流堤により流れを集中させることにより、再侵食による土石流規模拡大の恐れもある。そのため、床固工などの横断構造物と併用し、導流堤上流部の河床変動・河道変化を抑え、洗掘を抑えることを提案した。また、導流堤は安全な方向に土石流を導くといいながら、下流にある保全対象に土砂移動現象を近づける恐れもあるので、位置と方向に注意をしなければならない。

マヨン火山周辺の防災対策として、対象とする現象を整理するとともに、その現象の発生する場と保全対象の位置関係についても検討することが必要である。例えば、レガスピ市をヤワ川の河床上昇に起因する洪水から守るためには、パワ・ブラボド川のヤワ川合流点およびその上流部の流路整備や土砂流出を軽減する施設が効果的である。また、マビニ・バランガイのような土石流災害を防ぐためには、流路の変動を防ぎ土石流を調節する施設の設置が求められる。

5.3.3 1993年噴火による災害とそれに基づく対策計画

1989年の現地調査をもとに、マヨン火山の砂防事業の重要性と計画の見直しについて提案した（川上俊器・吉井厚志，1990）が、残念ながら実現には至らなかった。日本の技術協力・経済協力の案件として採用されず、フィリピン政府に対しても対策の必要性を強調したつもりだが、理解が深まったとはいいがたい。

その後1991年には、20世紀最大といわれるフィリピン北部のピナツボ火山噴火災害が発生し、マヨン火山の危険性はその陰に隠れてしまったようにも感じられた。

しかし1993年2月2日、マヨン火山は再度噴火し、火砕流で77人が亡くなるという災害が発生した。1989年の調査により、わたしたちが危険を知りながら力になれなかったことには、無力感を痛感している。日本の

技術協力と経済協力が始まっていれば、あるいは現地の対策がさらに加速していれば、被害の軽減に少しは役立ったかもしれない。

1993 年の噴火では、まず火口から溶岩流が流出し、その先端部が崩壊して火砕流が発生したと推定されており、ボンガ火砕流堆積地の扇頂部から約 1〜1.5km 下流まで扇状に堆積した（石川・山田・大野, 1994）。記録によると、1989 年当時の山頂ラヴィーンからボンガ火砕流堆積地上まで侵食が進み、渓谷が繋がっており、その渓谷を平均速度 40m/sec の高速で火砕流が流下したとされている。

1993 年当時、ボンガ火砕流堆積地の上が農業利用されていたらしく、農作業に携わっていた 77 人が熱風部に巻き込まれて死亡した。噴火後には、火口から南東方向の半径 10km 以内に居住する住民約 6 万人が避難した。その後の数日間も小規模な火砕流が同じコースを流下し、熱帯性降雨によるラハールや溶岩流も発生し、大災害に発展した（馬場ほか, 1994）。

フィリピン政府は 1993 年の一連の噴火活動により、マヨン火山周辺の地形条件が変化し新たな災害のリスクが増大したとして、日本政府に対して防災に関する技術協力を要請してきた。その背景には 1981 年以来日本政府の行ってきた砂防・洪水対策の技術協力の実績がある。この要請にこたえて、日本政府は河川改修・火山・砂防対策・予警報・総合対策の短期専門家を派遣した。

1993 年に発生した火砕流の総量は、100〜200 万m³ で、特に細粒分が薄く堆積したことがフィリピン火山地震研究所（PHIVOLCS）により報告されている。そして、その後 1993 年 10 月までに、溶岩流の流出を含めると 9,500 万m³ の噴出物があったと PDCC（Provincial Disaster Coordinating Council）が公表している。火山地質の専門家によると、過去の噴火履歴から想定して、数年から十数年の頻度で、1 千万〜1 億m³ 程度の噴出物を放出する噴火が起こりうるとされていた（馬場ほか, 1994）。噴出物の量としては、その想定どおりの噴火が発生したことになる。

上述のとおり、マヨン火山のハザードマップは 1985 年から公表されており、1993 年の火砕流の到達範囲は、ほぼハザードマップどおりだった。しかし、それに基づく適切な予警報と立ち入り規制ができず、悲惨な被害

が生じてしまった。犠牲者の多くは2000年のハザードマップ（**図5.3.5**）で設定されている永久危険区域（PDZ）および高度危険区域（HDZ）の中のボンガ火砕流堆積地にいた農民である。

1993年の火砕流の後に溶岩流が流出し、ボンガおよびアリンバイ・ガリー（渓谷）上流部を埋めつくし、地形が大きく変わってしまった。そのために、その後の火砕流・泥流・土石流・流水の流下方向にも変化が生じた。マヨン火山の噴火口はこの時点で南東方向に割れ目を開いており、アリンバイ・ボンガ・マビニ流路方向に、いろいろな形態の土砂災害の危険性が増大した。

1993年段階で、マヨン火山周辺の主要な河川において、フィリピン公共事業道路省（DPWH）によると、総計98基、延長26,185mの堤防（導流堤）と8基の床固工が完成していた（馬場ほか，1994）。これらの構

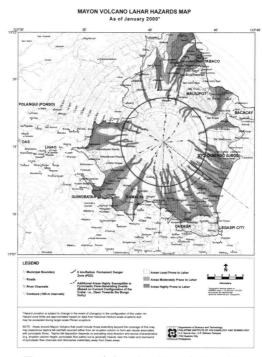

図5.3.5　マヨン火山ハザードマップ（2000年）

造物は、コンクリートと現地発生材で建設され恒久施設を目指したものの、設計上・施工上の問題もあり、度重なる土砂流出に損耗していた。また、土砂流出を下流へと導く施設ばかりで、それを貯留・調節することが困難であったため、危険度は増していたともいえそうだ。

そこで JICA 短期専門家のチームは、土砂の補足のために利用できる空間を確保し、サンドポケットとして泥流・土石流をコントロールすることを提案した。サンドポケットの候補地としては、標高 100〜210m 付近のマビニ流路を上げており、上述の 1989 年の提案とも整合している。また、パワ・ブラボド川からの細粒土砂の供給により、ヤワ川の河床上昇による洪水発生リスクも深刻であると指摘されている。噴火の度に地形が変化して災害危険度が増しているものの、災害軽減のために注目すべきポイントは同じである。

5.3.4 2006 年台風ドリアンによる大災害

1984 年、1993 年のマヨン火山周辺の災害は、火山活動が直接のきっかけで起こったが、2006 年には集中豪雨によって大規模な泥流災害が発生した。これは 2006 年 11 月 30 日に「台風ドリアン」がもたらしたもので、2006 年 6 月から 11 月まで継続した噴火活動後の集中豪雨の影響も大きかったといわれている。

フィリピン国家災害調整委員会発表（2006 年 12 月 16 日）によると、レガスピ市をはじめとする 5 市町において、死者・行方不明者 1,200 人を超える甚大な被害が発生した（**写真 5.3.7**）。関係自治体への聞き取り調査によると、犠牲者の大半は泥流によるものとされている（櫻井ほか，2007）。

レガスピ観測所では、11 月 30 日午前 8 時〜12 月 1 日午前 8 時までの日雨量 466mm を記録し、11 月 30 日の午前 11 時から午後 5 時までの間に、時間雨量 60mm 以上の豪雨が集中した（フィリピン気象地象天文省，PAGASA）。午前 10 時ごろから風雨が強まり、泥流の発生は正午から午後 2 時ごろと推定されている。

日本の国土交通省はこの災害を深刻に受け止め、災害の実態把握と防災対策の検討のため、2006 年 12 月 10 日に調査団を派遣した。調査団は 12

写真 5.3.7　泥流の被害を受けた集落

月 11 日から 14 日にかけて、特に大きな被害を受けたレガスピ市、ダラガ町、ギノバタン町、サントドミンゴ町において、現地調査と聞き取り調査を行った。

　この調査により、マヨン火山の東方から南西方向の山腹から山麓にかけて、火山性の堆積物が泥流や土石流形態で広く流下し、大災害を引き起こしたことがわかった。土砂氾濫した地域では、幅約 200〜500m、厚さ 2m 前後で広く土砂堆積していることが確認された。堆積物土砂の中には、2〜3m にもなる巨礫が点在し、火山灰起源の細粒分を主体とする泥流形態の流下であった。ブディアオ（Budiao）川では土石流形態の流下で、最大径 3m にもなる巨礫を含む 2m 近い厚さの堆積が見られたと記録されている。

　氾濫区域では、河道周辺だけではなく広範囲に広がっているところが多く、大量な流下土砂が流向を変えながら堆積したと見られている（**写真**

写真 5.3.8　マヨン火山山麓の被災状況

5.3.8）。扇状地上の土砂流下でよく見られるように、土砂堆積と洗掘により流れが首を振って広がる現象が起こったのだろう。

　上述のとおり、マヨン火山山麓部一帯では、公共事業道路省により導流堤を中心とした砂防施設が整備されており、導流堤が泥流の氾濫を防いだことが確認されている。しかし、導流堤の上流部で流下方向が変化し、導流堤の裏側に流下した様子も見られた。また、平坦であった斜面に、新たな流路が形成され、深く侵食されて下流への土砂流出源になった箇所も多いと報告されている。

　これらの調査を経て、調査団はフィリピン政府に対して、以下の5項目の提言を行った。

① 　防災関係機関の連携の強化

② 　気象・水文情報収集体制の強化と情報の利活用

③ 　緊急的な防災施設の整備と安全な避難場所の確保

④　ハザードマップの検証・更新

⑤　砂防施設計画の見直し

　2006 年の豪雨を蒙った後も、マヨン火山の山腹・山麓には火山性の不安定土砂が大量にとどまっており、さらなる土砂災害拡大の恐れがある。噴火の度に不安定土砂が供給され、豪雨によってそれが様々な方向に流出し、激甚な土砂災害が繰り返されている。また、そのような危険な土地には貧しい人々が住んでおり、衛生上・環境保全上の問題が大きく、貧困や飢餓の悪循環に陥る恐れもある。このような複合的な問題を解決していくためには、防災、環境保全、衛生管理などを個別的に進めるのではなく、総合的な施策が必要だとあらためて強く感じた。

〈参考文献〉

Dominic Faulder and Erwida Maulia (2018): Is the Ring of Fire Becoming More Active?, Nikkei Asian Review, April 04, 2018.

PHIVOLCS (Philippine Institute of Volcanology and Seismology) (2018): Mayon Volcano Bulletin 14 January 2018.

三浦綾子 (1977)：泥流地帯，新潮社.

南里智之・槇納智裕・米川康・原田憲邦・安藤裕志・山田孝 (2008)：十勝岳・富良野川における火山泥流発生履歴に関する研究，砂防学会誌，Vol.60，No.5，pp.23-30.

新谷融・清水収・西山泰弘 (1991)：十勝岳火山山麓における火山泥流と土砂害の発生履歴に関する研究，北海道大学演習林報告 48，No1，pp.191-232.

内閣府 (2007)：1926 十勝岳噴火，災害教訓の継承に関する専門調査会報告書.

南里智之・山田孝・笠井美青・丸谷知己 (2016)：十勝岳山麓大正泥流の到達時間・被災度の情報を加えた災害実績図，砂防学会誌，Vol.69，No.1，pp.12-19，2016.

上川総合振興局旭川建設管理部富良野出張所 (2017)：十勝岳の火山砂防.

宇井忠英 (2002)：有珠山の成り立ち，2000 年有珠山噴火，北海道新聞社編，p.6.

有珠山ガイドブック研究会 (2007)：有珠山ガイドブック日本語版，NPO 法人環境防災総合政策研究機構.

北海道 (2003)：2000 年有珠山噴火災害・復興記録.

北海道新聞社編 (2002)：2000 年有珠山噴火、北海道新聞社.

岡田弘 (2008)：有珠山　火の山とともに、北海道新聞社.

有珠山火山防災副読本作成検討会編 (2003)：火の山の響、北海道開発局.

有珠山火山防災副読本作成検討会編 (2004)：火の山の奏、北海道開発局.

川上俊器・吉井厚志 (1990)：マヨン火山現地踏査結果，新砂防 Vol.43, No.4 (171), pp.41-46.

吉井厚志・佐藤徳人 (1991)：マヨン火山の土砂災害と砂防計画，寒地土木研究所月報, No.461.

Rodolfo, K. S. (1989): Origin and early evolution of lahar channel at Mabinit, Mayon Volcano, Philippines. Geological Society of America Bulletin, v. 101, pp.414-426.

馬場仁志・大野宏之・岩切哲章・菊井稔宏 (1994)：フィリピン・マヨン火山における災害特性と防災対策について，砂防学会誌「新砂防」，Vol.47, No.2, 砂防学会, pp.43-51.

櫻井亘・綱木亮介・万膳英彦・徳永良雄・光永健男 (2007)：フィリピン共和国アルバイ州マヨン火山で発生した大規模な泥流災害について，砂防学会誌, Vol.59, No.5 (268), 砂防学会誌「新砂防」, pp.78-79.

6 | 海岸保全と
水辺緩衝空間

　日本の国土は四方を海に囲まれており（**図 6.1.1**）、海から陸域につなが
る海岸〜水辺空間は、国土保全や環境保全上特に重視すべき区域である。
日本国土の海岸線延長は約 35,000km で、世界各国の海岸線延長と比べる
と、第 6 位の長さである（国土交通省，2013）。日本の国土面積は世界 61
位の約 38 万 km² であり、海岸線の長さは日本の国土の特徴を端的に表す
一つの指標である。

　海岸線延長を国土面積で割ってみると、日本のそれは 93m/km² であり、
フィリピンの 121m/km² に次いで第 2 位である。また、日本の排他的経
済水域と領海を足した面積は世界 6 位であり、それに深度を加味して試算
した海水の体積として比較すると、世界 4 位の大きさとなる（山田吉彦,

海上保安庁　日本の領海等概念図より
図 6.1.1　日本の領海

2010)。日本の主権の及ぶ海域の広さと、そこに存在する海水量の大きさは、日本の貴重な財産ともいえる。

　日本の国土は激しい波にさらされており、歴史的に海岸浸食に悩まされてきた。特に昭和 30〜40 年頃から全国的に侵食が激化したといわれ、昭和から平成の初めにかけて侵食が著しく進んだ（田中・小荒井・深沢，1993）。これは、1992 年（平成 4 年）時点で最新だった地形図と、1978 年（昭和 53 年）時点の最新のものを比較して測定した結果であり、それ以前の研究と比較しても、侵食の深刻さは明らかである。明治から昭和にかけての海岸線の変化を平均すると、堆積よりも侵食した海岸が目立っており、その差は約 72ha/年である。また、昭和から平成の初めにかけての海岸線変化は、160ha/年とさらに侵食傾向が続き、国土が年々消失していることが報告されている。

　海岸侵食は自然状態でも起こる現象であるが、その原因は多岐にわたり、昭和時代からの侵食激化は、人為的な影響も大きいらしい。沿岸構造物の設置による沿岸漂砂の連続性の阻害や、防波堤等による波の遮蔽域の形成などにより、侵食が進行する。また、砂利採取や河川構造物に伴う河川からの供給砂の減少、天然ガス採取、地下水の過剰くみ上げによる地盤低下も侵食激化の原因となりうる。

　海岸線を空間的に見ると、例えば海岸線に広がる砂浜は波を砕き、岸に打ち寄せる波のエネルギーを弱めて、侵食を軽減する効果を持っている。砂浜の消失は、砕波効果を弱め、越波を増大させ、海岸に打ち寄せる波の力が強くなって、侵食を助長するという悪循環を引き起こす。換言すると、海岸線に存在する砂浜海岸は、波浪という外力を弱める水辺緩衝空間として機能している。そして、水辺緩衝空間が減少すると、侵食拡大が進み、海岸地域が危険にさらされることになる。

　本章では、海岸線の侵食による災害被害を軽減するために進められている、胆振海岸保全施設整備事業と、山から海への土砂移動と侵食問題を明らかにすべく始まった鵡川プロジェクトについて述べる。また、海岸地域の深刻な複合災害ともいえる、2011 年東日本大震災時の津波災害についても、空間的な観点から考えていきたい。

6.1 | 胆振海岸の侵食と海岸保全事業

　北海道において、特に侵食が激しく、保全対象が多く災害が頻発していた胆振海岸では、1988 年から国による直轄海岸保全施設整備事業が進められてきた。胆振海岸は、北海道中央南部（苫小牧市〜白老町）に位置し、太平洋に面する延長 24.595km の海岸である（**図 6.1.2**）。一般的に海岸保全施設整備事業は、都道府県により行われているが、特に重要で災害が深刻な海岸では、国による直轄区間として位置付けられる。

　胆振海岸は背後地に住宅が貼り付き、北海道の交通の大動脈である国道 36 号や JR 室蘭本線が通っており、社会的にも重要な地域である。しかし、海岸侵食により海岸に到達する波浪が激化し、消波工や直立護岸の沈下・倒壊被害、越波による住宅の損壊などの被害が相次いでいた。計画規模の高潮や波浪が起こった場合には、苫小牧市と白老町において、約 1,700ha の面積が浸水および海岸侵食の被害を受けるとされている。そしてその区域内の人口は約 32,000 人で、約 12,400 世帯が危険にさらされている（北海道開発局，2017）。

北海道開発局　室蘭開発建設部　資料提供

図 6.1.2　胆振海岸直轄保全施設整備事業箇所図

6.1.1 胆振海岸の災害と保全対策

　胆振海岸では急速に侵食が進み、砂浜が消失したため、激しい波浪が直接土地利用の進んだ海岸線を襲うようになった。1950年代ごろまでは汀線が前進していたが、1960年代以降、特に侵食が激化したといわれている。侵食の最も激しかった樽前工区では、1964年から2016年の52年間で50m汀線が後退した。侵食の主な原因は、苫小牧西港・東港と白老港の防波堤建設による沿岸漂砂の遮断と海浜地の土砂掘削とされている。

　胆振日高沿岸では卓越波向が南南東であり、苫小牧周辺の沿岸漂砂は西向きで、苫小牧港防波堤が漂砂の妨げになっている。また、白老側では波が海岸線に直角に入射するため、岸沖方向の漂砂が卓越している（**図 6.1.3**）。そのため、白老地域の沿岸漂砂供給源は、砕波帯内の海底地盤の砂と推定されている（北海道開発局，2017）。

　胆振海岸において、1980年代まで設置されてきた直立護岸や消波工などの侵食対策は、一定の効果を発揮していた。しかし、施設前面の砂浜の減少により、施設に打ち上がる波浪と反射波の力が激化して、砂浜の侵食が加速されるようになった。そして、施設脚部が洗掘され、施設本体の沈下・破壊につながる箇所も目立ってきた。そのため、侵食が激しい地域では、打ち上げ高と反射波を低減する、抜本的な対策が必要となっていた。

　また、胆振海岸は水産業が盛んであり、砂浜の消失と波浪の激化は、漁業者としても深刻な問題であった。一方で、当時全国で施工されるようになった離岸堤は、水産資源の生息範囲を狭め、船舶の操業にも影響が大きいという理由で、漁業者からは評判が悪かった。離岸堤は、沖合に海岸線に平行に作られる構造物で、波を弱め打ち上げ高を低下させ、海浜の侵食を防止して、陸側に砂をためる効果を持っている。

　1988年の胆振海岸の直轄事業化に当たっては、専門家の提案を元に、人工リーフと緩傾斜護岸により面的に海岸線を保全する計画が取りまとめられた（**図 6.1.4**）。人工リーフはサンゴ礁の砕波機能を人工的に再現するもので、離岸堤よりも沖合に設置する天端幅の広い構造物である。緩傾斜護岸は、護岸を緩やかにすることによって、波の打ち上げ高と反射波を抑えて侵食を緩和し（**写真 6.1.1**）、漂砂を留めやすくする効果を持っている。

また、人工リーフや緩傾斜護岸は岩礁にも似た構造物であり、水産資源の増殖の可能性もある。このような計画により、海岸侵食と越波激化の悪循環を止め、地元水産業にも受け入れられる事業の展開になった。

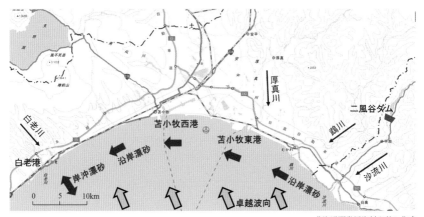

北海道開発局資料を基に作成

図 6.1.3　胆振海岸を取り巻く状況と漂砂

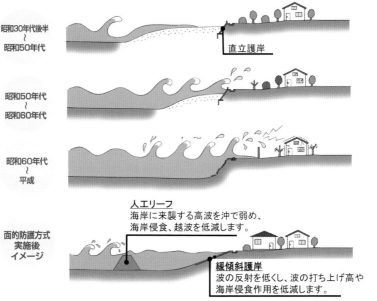

北海道開発局　室蘭開発建設部　資料提供

図 6.1.4　胆振海岸の過去の状況と面的防御方式

173

直立護岸個所の越波状況

緩傾斜護岸

北海道開発局　室蘭開発建設部　資料提供

写真 6.1.1　直立護岸の越波と緩傾斜護岸の状況

　胆振海岸保全施設整備事業の計画策定に当たって、大学の研究者の指導とともに、開発土木研究所（現在の寒地土木研究所）が重要な役割を果たした。研究所は、港湾関係や水産土木関係の研究者がおり、海岸と海域に関する豊富な研究実績を持っている。特に、人工リーフの施設設計は、研究所の施設で行った実験結果をもとに進められ、改良が重ねられている。また、事業開始に伴い、行政と専門家による胆振海岸技術検討委員会が設置され、海岸保全施設の機能と適応性についても議論が進められた。

　1994 年には、胆振海岸において高波が発生し、既存の直立護岸は破壊され、人家の中まで浸水する被害があった（**写真 6.1.2**）。激しい波浪と侵食に対して、直立護岸と消波工だけでは耐えきれず、直立護岸の裏側まで侵食され、背後地の家屋の被災も甚大であった（渡邊・野嶽，2012）。

　このような災害が繰り返されながらも、胆振海岸保全施設整備事業による面的整備の進捗により、海岸線への波の打ち上げ高が低減され、海岸侵食も軽減されてきた。以前から波や潮の飛沫により屋根などの痛みが激し

北海道開発局　室蘭開発建設部　資料提供

写真 6.1.2　1994 年苫小牧地区の被災状況

く、波の打ち上げの振動に悩まされていた箇所も、緩傾斜護岸の設置により大きく改善された。また、人工リーフ設置により、砂浜の侵食が抑えられ、堆積傾向に変化した箇所も見られる（**写真 6.1.3**）。今後とも、海岸線の全体的な侵食と堆積のバランスについて、注意深く見守りながら対応することが望まれる。

2000年人工リーフ着手前　　　2013年人工リーフ設置後

人工リーフ

北海道開発局　室蘭開発建設部　資料提供

写真 6.1.3　白老海岸の人工リーフによる砂浜の再生

6.1.2　胆振海岸における環境保全

　上述のとおり、胆振海岸では海岸保全施設が漁場や水産資源に与える影響についても、関係者と協議を重ねながら対応が進められてきた。特に、人工リーフの施工前後において、施設周辺の底質調査や魚介類・海藻類生息調査が行われ、その変化がモニタリングされている。そして、その調査結果をもとに、人工リーフに用いるブロックの形状を改良するなどの工夫も重ねられている。

　人工リーフにおける生物生息環境調査によると、ミツイシコンブなどの大型の海藻類が付着し、ウニ類、マナマコを含む有用水産資源が増殖していることが確認された（山上・伊東・榎本，2017）。例えば白老工区の人工リーフでは、施設設置後にエゾバフンウニの生息密度が増加する傾向がみられる（**図 6.1.5**）。胆振中央漁協の白老支所は、エゾバフンウニの漁獲を白老港内から人工リーフ設置箇所に移しており、人工リーフが漁場として機能するようになった。

　胆振海岸白老工区には、北海道自然環境保全指針に基づく「すぐれた自然地域」に指定されたヨコスト湿原があり、特に環境保全にも力がそそがれている。この区域は、家屋など保全対象は少ないものの、砂浜海岸の侵食による湿原の自然環境への影響が懸念されていた。そこで、海岸線付近

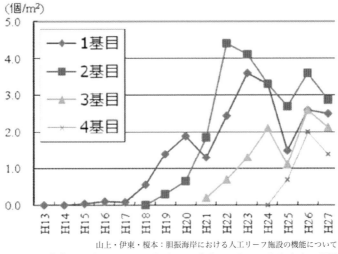

山上・伊東・榎本：胆振海岸における人工リーフ施設の機能について
図 6.1.5　白老工区人工リーフにおけるエゾバフンウニの生息密度の推移

に設置されている突堤間に養浜を行い、海底勾配を緩やかにして、波の打ち上げや侵食の軽減を図っている（**写真 6.1.4**）。また、養浜により砂浜が拡大し、海岸植生が再生されて、もともとこの地域にあった生態系の再生と景観の改善も期待されている。

　一方で、胆振海岸保全施設整備事業により、静穏化し砂浜が回復傾向にある海岸においては、釣り人や海で遊ぶ子どもたちが増えている。以前は砂浜が減少して波しぶきが激しく直立護岸で近寄りがたかった海岸線が、人工リーフと緩傾斜護岸のおかげで親しみやすい海岸に変貌してきた。

　このように、胆振海岸は高波や侵食に悩まされていたが、海岸線の面的整備によって背後地が守られ、より安全で豊かな空間が再生されてきた。海岸線を水辺と言い換えると、人工リーフや緩傾斜護岸、養浜などにより整備された海岸は、水辺緩衝空間として機能している。海岸から離れた人工リーフは水辺空間とは呼べないにしても、これら施設により再生・保全された砂浜は、河川流域の水辺緩衝空間と同様な機能を持っている。そして、この水辺緩衝空間は、水産生物の増殖にも役立ち、地域の方々にとって親しみのあるレクリエーション空間としても活用されるようになった。

ヨコスト湿原

養浜工実施個所

北海道開発局　室蘭開発建設部　資料提供

写真 6.1.4　白老海岸とヨコスト湿原

6.2 鵡川海岸の侵食と海岸保全対策

　海岸線の変化は、波浪や漂砂の自然的な条件とともに、沿岸構造物や港湾施設の防波堤、河川における砂利採取や河川構造物、地盤低下などが複雑に影響を及ぼしている。地形変化をもたらす土砂移動の状況を把握するためには、山から河川を通じて海域に供給される土砂も含めて総合的に検討する必要がある。しかし、それらを総合的に調査研究できる場所と機会は限られており、全国的にも海域・河川流域・山地を繋げて調査研究している事例は少ない。

　また、海岸の管理は、国土交通省の河川部門と港湾部門、農水省、林野庁によって、区域ごとに行政的に分けて所掌されている。また、海岸に土砂を供給する河川流域は、国土交通省の水管理国土保全局の河川や砂防部門、山地地域は林野庁などが所管であり、地方自治体に管理が任されている箇所もある。したがって、国土の土砂の動きを総合的に一貫して把握するためには、関係行政機関が連携し、各分野の研究者が協働して研究して

いくことが求められる。

　鵡川海岸は前節で述べた胆振海岸の東側に続いている箇所であり、沙流川と鵡川からの洪水や流出土砂の影響を受けている（**図 6.2.1**）。鵡川はシシャモ漁で全国的に有名であり、鵡川河口にある干潟は、シギ・チドリ類など多くの渡り鳥が休息する貴重な水辺空間である。この干潟は、鵡川からの細粒分の土砂流出による微妙なバランスで維持されており、干潟に接した河口部が閉塞することもある。河口閉塞は、シシャモの産卵のための遡上を妨げる。そして、鵡川と沙流川にはダムや頭首工などの河川管理施設や許可工作物があり、流況や土砂流出に影響を与えていると考えられる。

　また、鵡川河口の東側 2km 余りの地点には鵡川漁港があり、漁港東側に砂が堆積し、西側の海岸侵食が進んでいる。また、鵡川漁港では、航路の土砂堆積が著しく、航路維持のための浚渫が頻繁に行われている。鵡川漁港は 1973 年に着工され、1980 年に供用開始しており、完成した翌年の1981 年から航路維持のための浚渫が必要であった。2000 年からは、航路浚渫した土砂を侵食が進んでいる漁港西側に養浜する対策が行われるようになった。

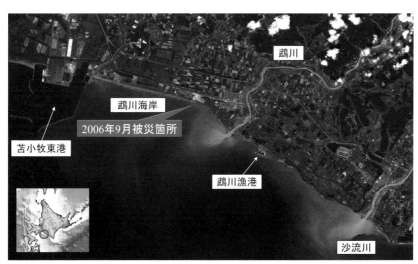

ALOS 衛星画像　2006.8.26 撮影　JAXA 提供

図 6.2.1　2006 年鵡川海岸被災箇所と周辺状況

6.2.1　鵡川海岸の災害と土砂動態

　むかわ町としては、鵡川河口周辺の侵食が激しく（**図6.2.2**）、1970年代後半から約20年間で汀線が300mも後退した箇所があるとして、北海道と国に対して抜本的な対策を求めていた。その要望を受けて、鵡川の河川管理者が鵡川河口部に突堤を設置し、漁港管理者による航路浚渫と連携して養浜が行われてきた。河口部の突堤は、河川管理施設である築堤が、海岸側から侵食されて破壊されることを避けるために設置された。河川管理者としては、鵡川河口部の貴重な干潟の環境保全の取り組みを続けてきたこともあって、河川と海岸の土砂動態に注意をしながら対策を進めている。

　2006年9月に台風18号が北海道に襲来し、鵡川海岸で越波と浸水被害が発生し、下水施設とコンクリート工場が被災した（**写真6.2.1**）。鵡川海岸の災害復旧については、むかわ町長からの要望に基づき、関係機関が協力して対応することになった。応急的な対応としては、海岸線の保安林の箇所に災害復旧事業による防潮堤が設置され、鵡川河口部には鵡川漁港の浚渫砂約8,600m^{3}を用いた養浜が行われた。

　2007年には、鵡川海岸の保全に関わる国・北海道・むかわ町の担当者と、山地・河川・海岸に関わる研究を進めている寒地土木研究所の研究者が現地を訪れ、議論する機会を得た。寒地土木研究所では、山地の土砂移動、河川の水理と環境、海岸の波浪や砂の移動、水産生物の増殖などに関わる研究者がそろっていて、分野横断的な研究が可能である。そのころは特に、独自性のある特徴的な研究テーマが求められており、鵡川海岸に関する研究が重点的に進められることになった。

　2007年に行われた現地視察と議論の場には、むかわ町長にも同席していただき、各管理者の課題を情報交換するとともに、課題解決に向けた連携について議論が行われた。それをきっかけとして、鵡川海岸を対象とした総合的で継続的な機関連携と研究活動が幅広く進められることになった。

　鵡川海岸においても、前節の胆振海岸で述べたような、砂浜の減少により高波の襲来と海岸侵食が進行するといった悪循環が起こっている。海岸侵食の主な原因は、河川土砂流出量減少と沿岸漂砂の変化によるものと考えられ、その概要は次のようにまとめられている（大束・須田・村上,

2008)。

鵡川では、1966年に農業用水確保のために川西頭首工と川東頭首工が

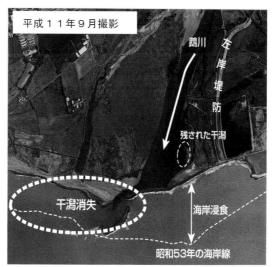

大束ほか（2008）：日高・胆振地方の海岸変遷と保全の取り組み
図6.2.2　鵡川海岸の侵食状況

写真6.2.1　2006年9月コンクリート工場の浸水状況

完成し、1967年から1998年まで河道内砂利採取が行われていた。北海道開発局の資料によると、1966年から1998年にかけては鵡川の河床が下がっており、上流からの土砂流出が減少したと考えられる。頭首工と河道内土砂採取の影響により、鵡川の河道からの土砂供給量が減少し、海岸侵食にも影響があったと推測される。そして、1998年以降は鵡川の河床変動は以前に比べて比較的安定しているようだ。しかし、河口部の左岸側の侵食は引き続き進行し、干潟の面積は縮小している。そのため、河川管理者としては、河道の掘削工事に合わせて、土砂を海浜部に堆積するサンドバイパスを計画している。

沙流川においては、1965年から1985年まで河道内砂利採取が行われており、1997年に二風谷ダムが完成したこともあって、それらの河川流出土砂への影響が懸念されていた。沙流川の河床低下は1985年まで顕著であり、その後は大きな河床変動は見られていない。このことから、沙流川においても河道内砂利採取の河床変動に対する影響が大きかったと推測される。今後とも、沙流川の河床変動をモニタリングして、河口部や海岸線への影響について注意していくことが求められる。

また、1980年に鵡川漁港と苫小牧東港が完成し供用開始しており、これらが海岸侵食に影響を及ぼしている可能性がある。東から西へ向かう沿岸流が強いことから、鵡川漁港の沿岸漂砂への影響が大きいと想定される。上述のとおり、鵡川漁港の東側には砂が堆積し、西側の侵食が激しいことからも、鵡川漁港が漂砂の多くを留めている可能性が大きい。過去の海岸深浅測量結果の比較によると、沿岸漂砂量は約4.5万 m^3/年と推定されており、鵡川漁港では毎年1万 m^3 程度のサンドバイパスにより漂砂の維持に努めてきた（**図6.2.3**、**写真6.2.2**）。2009年には、鵡川漁港の航路浚渫に伴い、7万 m^3 の養浜が行われた。

このように、海岸侵食などの海岸線の変化には、山地・河川・海岸の土砂移動が複雑に関わっており、各地域を管理する機関も多岐にわたり、それぞれの実態を調査する研究者も多分野にわたっている。そして、砂防・河川・海岸・漁港などの構造物が複雑な影響を与えており、一方では管理者が連携したサンドバイパスのような試みも実施されている。それらを総

鵡川河口

沿岸漂砂の調査(河川管理者)

2009年は70,000m³養浜

浚渫砂の養浜(河川管理者)

防波堤にサンドポケット造成(漁港管理者)

鵡川漁港

浚渫(漁港管理者)

SPOT5 号衛星パンクロマチック画像　2005.6.16

図 6.2.3　鵡川海岸保全のための各機関の対応

鵡川

鵡川漁港

干潟

平成21年10月撮影

室蘭開発建設部撮影

写真 6.2.2　2009 年鵡川河口と鵡川海岸の状況

合的に調整しながら調査研究を進めて、それに基づいて保全対策を進めるべきだ。鵡川海岸においては、その組織と枠組みが徐々に形作られている。

6.2.2　鵡川海岸保全に関する研究プロジェクト

　海岸地形や干潟・砂浜、生物の生息場を長期的に保全するためには、海岸土砂の粒径特性の時空間変動を把握し、その生産源を把握することが重要である（水垣ほか，2013）。海岸土砂の生産源推定のためには、鉱物組成をトレーサとして利用することが一般的であったが、鵡川海岸では岩石由来の放射性同位体をトレーサとする手法が試みられている。それによって、浮遊土砂の生産源を地質（岩石）別に定量評価する手法が構築されてきた。寒地土木研究所と関係する研究機関などにより、鵡川河口域を対象に、粒径と波浪・河川流量との関係が解析され、土砂生産源が明らかになりつつある。

　2013年の時点で明らかにされている鵡川海岸における海岸土砂の動きとその生産源について、大まかにまとめると次の通りである（水垣ほか，2013）。

　河川からは春の融雪出水や夏と秋の出水で浮遊土砂が大量に沿岸に供給され、海岸土砂と混ざり、入れ替わりながら西方向へと移動する。そして、海岸や漁港の突堤などに捕捉される。河口付近では、小規模な出水でも頻繁に細粒土砂が供給されるため、干潟に見られるような小粒径の安定した構成となっている。一方で、河口から西に離れるほど、大規模な出水時にのみ土砂が到達して堆積し、冬の高波浪によって細粒分が流出して、粗粒分が残される。

　鵡川海岸を構成する土砂の主要な生産源は、鵡川・沙流川の中・上流域にあると推測され、海岸の長期的な保全には、山地や河川上流域から沿岸域までの土砂移動の連続性を確保することが大事である。また、海岸に流出する浮遊土砂の生産源は中・下流域に広く分布する堆積岩と変成岩の寄与が高い。ダムに堆積している土砂は、鵡川上流域と沙流川中・上流域に分布する岩石からのものが多い。

　前節の胆振海岸の事例で述べたように、海岸線の砂浜が水辺緩衝空間と

して機能し、国土保全上・環境保全上重要な役割を担っている。鵡川海岸でも、砂浜の著しい減少が、侵食と高波被害を助長し、干潟という環境保全上貴重な水辺空間にも影響を与えてきた。そして、その原因をたどっていくと、海域の波浪や漂砂のみならず、河川や山地地域からの土砂供給が関わっていることがわかってきた。

山地地域や河川区域には、治山施設・砂防施設、多目的ダムや河川管理施設などの周辺に水辺緩衝空間が整備されつつある。これら水辺緩衝空間は、災害につながる急激な洪水や土砂の流出を防ぐと同時に、下流部や海岸線に必要な平常時の土砂流出に影響を与える可能性もある。そのため、ダムや河川区域の堆積土砂を河川下流部や海岸へ運搬するサンドバイパスや、漂砂の上手の漁港から下手の海岸への養浜も行われるようになってきた。

鵡川海岸の研究プロジェクトは、空間スケールの大きな現象を対象としているものの、現地で確認できる情報と可能な対策は限られている。沙流川と鵡川の流域面積を合わせると、2,620km² であり、そこから流出する土砂は海域に広がり、追跡することは困難である。一方で、山地・河川・海岸の水辺緩衝空間の空間スケールはせいぜい数 km² オーダーで、沙流川と鵡川流域の河川区域としての水辺緩衝空間は、鵡川流域 7.2km²、沙流川 5.6km² である。鵡川海岸の沿岸漂砂量は数万 m³/年規模と見られ、養浜やサンドバイパスで供給している土砂量は、数千〜1 万 m³/年程度である。

鵡川海岸における実質的な研究は、まだまだ歴史が浅く、過去数十年間の限られた土砂移動実態をもとに検討が進められている状況にある。しかし、関係する機関や幅広い研究者のネットワークが拡がりつつあり、それが研究プロジェクトの強みになっている。養浜やサンドバイパスなどの供給土砂の移動実態を調査することにより、山〜川〜海を繋ぐ土砂流出プロセスが解明されていくだろう。そして、この研究の進展により、海岸や河川における土砂移動に関わる問題が軽減され、他の地域の保全対策にも活かされていくことを期待している。

6.3 東日本大震災による津波災害と海岸域の保全

　2011 年 3 月 11 日の東日本大震災による地震と津波災害、そしてそれに起因する原子力発電所と周辺地域の被害は、日本にとって大きな衝撃であった。亡くなった方々のご冥福を祈るとともに、被災した方々へのお見舞いの気持ちを込めて、早急な復旧と復興を心から願うものである。

　ここでは、東日本大震災全般について詳しく述べることはできないが、津波災害について国土保全・環境保全の視点から論じることにした。このような激甚な災害においても、空間的な余裕が重要な役割を担っているはずだ。東日本大震災による津波災害について課題を明らかにし、将来の被害軽減対策と国土のあり方について考えていきたい。海岸の砂浜のような水辺緩衝空間は津波災害に対して効果はあまり期待できないが、空間的な議論は将来の被害軽減に役立つはずである。

6.3.1　東日本大震災による津波被害

　2011 年 3 月 11 日 14 時 46 分、牡鹿半島の東南東約 130km の三陸沖を震源とするマグニチュード 9.0 の地震が発生し、宮城県北部で最大震度 7 を記録した（**図 6.3.1**）。この東日本大震災で、東北地方から関東地方にかけて、直接的な地震被害だけではなく、地震により引き起こされた津波により、海岸地域は壊滅的なダメージを受けた（**写真 6.3.1**）。この地震の規模は観測史上最大規模であり、1900 年以降に世界中で発生した地震のうちでも、第 4 位の規模であった。

　東日本大震災による死者数、行方不明者数は 2 万人を超え、避難を強いられた被災者は、最大で 47 万人であった。宮城県相馬の観潮施設における津波波高は 9.3m を超え、30m 近い打ち上げ高の津波に襲われた地域もあった。

　津波の海岸線における波高については、事前に過去の地震から想定されていたが、東日本大震災時の津波浸水高は、想定を上回った地点も多い（**図 6.3.2**）。この図は、平成 23 年度の防災白書に掲載されたもので、2006 年（平成 18 年）日本海溝・千島海溝周辺型地震対策に関する専門調査会

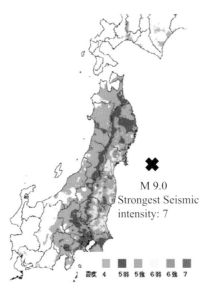

2011年3月11日14:46地震発生
　マグニチュード9.0

観潮施設における津波波高は 9.3m以上（相馬）

死者数：19,533人
行方不明者数：2,585人
（H.29 3/8時点、H.30復興庁）

全壊家屋：121,768戸
（H.29 3/8時点、H.30復興庁）

避難者：約 47万人→8万人
（最多の時期→H.29 3/8、H.30復興庁）

M 9.0
Strongest Seismic
intensity: 7

震度　4　5弱　5強　6弱　6強　7

平成 25 年度防災白書より

図 6.3.1　2011 年 3 月 11 日東日本大震災

東北地方整備局　仙台湾南部海岸堤防復旧の取り組みより

写真 6.3.1　東日本大震災により被災した仙台空港周辺

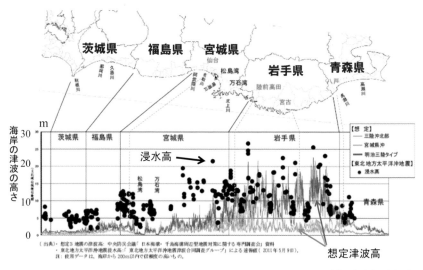

平成 23 年度防災白書より

図 6.3.2　想定されていた津波高と東日本大震災時の浸水高

資料の想定と震災時の浸水高が比較されている。地震の規模、震源や深さなどにより、津波の打ち寄せる状況等が変わることから、この資料では三陸沖北部地震、宮城県沖地震、明治三陸タイプ地震による津波が対比して表されている。

　東北地方においては歴史的に高波や津波から地域を守るため、堤防や護岸などの海岸保全施設が整備されてきた。それら施設の東日本大震災時に果たした機能について、各方面から検証されている。ここでは、「海岸保全施設の整備と被災状況について」（農林水産省・国土交通省，2011）を参考にして、いくつかの事例を紹介する。

　岩手県洋野町種市海岸（平内）では、海岸堤防の高さが十分であり、津波による被害がなかったことが報告されている（**図6.3.3**）。この地点の津波の痕跡は標高 T.P.＋9.5m（T.P.〜東京湾平均海面からの高さ）程度であり、堤防天端高 T.P.＋12.0m を下回り、堤防を越流して氾濫することはなかった。

　一方、宮城県仙台市深沼漁港海岸・仙台海岸（深沼）においては、堤防天端高 T.P.＋6.2m に対して、堤防地点の浸水高は 14.7m であったため、

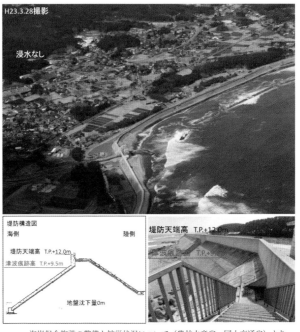

図 6.3.3　岩手県洋野町種市海岸（平内）〜津波被害がなかった事例

背後地は壊滅的な被害を受けた（**図 6.3.4**）。海岸堤防の地盤沈下量を加えると、堤防地点の越流水深は 8.8m であったと推測されている。この海岸の西側には海岸線と並行して仙台東部道路が建設されており、この道路の盛土によって津波から守られた地域もあった。ただし、道路盛土は押し寄せる津波を完全に止めることは不可能で、橋やボックスカルバートなどを通って、部分的に浸水が広がっていった。

　また、福島県いわき市の勿来海岸では、堤防護岸天端高 T.P.＋6.0m に対して、その地点の津波浸水高は 8.2m だった（**図 6.3.5**）。護岸の推定越流水深は 2.6m とされており、海岸堤防が一部破壊された。堤防が破壊されずに残った箇所では、氾濫による家屋被害は、それほど甚大ではなかったと報告されている。

　岩手県普代村は、普代水門地点で T.P.＋22.6m の津波に襲われたが、被害を最小限にとどめることができた（**図 6.3.6**）。普代村では、1896 年

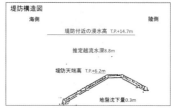

海岸保全施設の整備と被災状況について（農林水産省・国土交通省）より

図 6.3.4　宮城県仙台市深沼漁港海岸・仙台海岸（深沼）～津波被災の事例

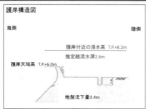

海岸保全施設の整備と被災状況について（農林水産省・国土交通省）より

図 6.3.5　福島県いわき市勿来海岸（関田）～津波被災の事例

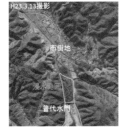

海岸保全施設の整備と被災状況について（農林水産省・国土交通省）より

図 6.3.6　岩手県普代村普代海岸（宇留部）～水門により津波被災を免れた事例

の津波により 1,010 人の死者・行方不明者という惨事を経験し、1933 年の津波では死傷者が約 600 人であった。この 2 回の大津波災害の教訓から、水門が建設されることになり、市街地が高台に移転されていたため、今回の津波から村は守られた。ただし、水門が遠隔操作中に緊急停止したため、消防署員が命がけで手動の操作を行い、なんとか動作復旧を間に合わせることができたと報告されている（普代村，2014）。水門の天端高はT.P.＋15.5m であり、津波は越流水深 7.2m で押し寄せたが、普代村の市街地に達することはなかった。

　上記のように、東日本大震災による津波被害は、地域ごとの地形の違いや津波の高さ、そして土地利用の状況により異なっていた。岩手県の種市海岸のように、十分に高い海岸堤防があり、津波の打ち上げ高がそれに及ばなければ、被害は最小限に抑えられる。岩手県普代村の場合は、過去の深刻な津波災害を経て、水門を設置して市街地の高台への移転を行うことにより、津波の被害を防ぐことができた。

6.3.2 津波災害に備える海岸域の保全

　海岸地域においては、高波や侵食被害、そして津波という自然の猛威に
さらされる危険性を考慮して、土地利用に配慮すべきであり、空間的な余
裕が必要だ。生活や生産に利用できる土地の限られた海岸地域において、
水辺緩衝空間を十分に確保することは無理にしても、計画的に整備してい
く工夫を考えていくべきだ。普代村で市街地を移転させ、水門を設置した
ように、津波被災の恐れのある危険な区域を水辺緩衝空間として保全する
事例が増えることを願っている。

　東日本大震災後、津波から地域を守るため、長大な海岸線に沿って海岸
堤防が建設されている（**写真 6.3.2**）。そして、その背後地の津波被害を受
けた地域は、防潮林の再生も行われており、土地利用の変更も進められて
いる。仙台湾南部海岸の海岸堤防の構造は、**図 6.3.7** に示すとおりであり、
比較的頻度の高い津波や高潮・高波を防ぐことが可能である。東日本大震
災のような最大クラスの津波に見舞われた際には越流が生じるが、津波の
エネルギーを減じ、住民の避難などのソフト対策と合わせた多重防御によ
り、被害を最小限にする計画である。

　長大な海岸線に連続して最大クラスの津波に対応する規模の海岸堤防を
建設することは現実的ではなく、不可能である。そこで復興庁では、防災
集団移転促進事業（**図 6.3.8**）や土地区画整理事業（**図 6.3.9**）と組み合わ
せて、リスクの軽減を図ることを目指している。海岸線近くの標高の低い
市街地を高台や嵩上げした箇所に移転する施策である。このような対策は、
地域条件に合わせて、また地域の方々の要望に基づいて検討されるため、
合意形成には時間がかかり、困難が多いはずだ。そのような問題を乗り越
えて、できるだけ早く安全で暮らしやすい地域の再生につながることを心
から願っている。

　東日本大震災時には、釜石市のように、小中学生たちの避難が行われ、
被害が最小限に抑えられた事例がある（片田，2012）。釜石市内 14 の小中
学校の児童・生徒 3,000 人のほぼ全員が助かったことは、地道に続けられ
てきた津波防災教育の成果であり、「釜石の奇跡」とも呼ばれている。し
かし一方では、避難が間に合わず多数の児童が犠牲になった悲劇も語り継

写真 6.3.2　東日本大震災津波被災地と海岸堤防建設

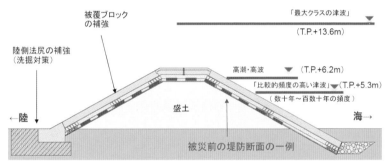

図 6.3.7　仙台湾南部海岸の海岸堤防の構造

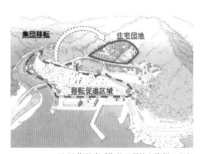

図 6.3.8　防災集団移転促進事業

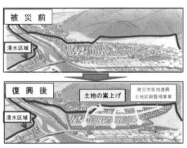

図 6.3.9　土地区画整理事業

がれている。防災教育や警戒避難システムの整備と併せて、避難の時間を少しでも稼ぐために空間的な余裕を確保することにも配慮すべきだ。

　上述のように、東日本大震災により激甚な津波災害を受けた現場においても、海岸地域の土地利用を含めた安全性確保の対策が進められている。海岸沿いの空間の生産・生活空間を移転し、防潮林の再生を行うことにより、保全対象を海岸から離し、津波のエネルギーの軽減を図る計画である。仙台海岸（深沼）の事例のように、海岸線に平行して走る道路盛土を利用して、多重防御の仕組みを作ることも、検討されている。

　また、海岸線に元々あった湿地帯を再生する要望もあり、環境保全の取り組みも行われるようになった。このような取り組みは、本書で繰り返し述べている水辺緩衝空間を活用した国土保全と環境保全の海岸地域における適用例ともいうこともできる。

〈参考文献〉

国土交通省（2013）：海岸管理の現状について，海岸管理のあり方検討委員会，http://www.mlit.go.jp/river/shinngikai_blog/kaigankanrinoarikata/dai01kai/dai01kai_siryou2.pdf.

山田吉彦（2010）：日本は世界4位の海洋大国，講談社＋α新書.

田中茂信・小荒井衛・深沢満（1993）：地形図の比較による全国の海岸変化，海岸工学論文集，第40巻，pp.416-420.

北海道開発局（2017）：海岸事業再評価原案準備書説明資料，胆振海岸直轄海岸保全施設整備事業.

渡邊一靖・野嶽秀夫（2012）：胆振海岸における新規人工リーフの設計について，第55回（平成23年度）北海道開発技術研究発表会.

山上翔吾・伊東篤志・榎本隆志（2017）：胆振海岸における人工リーフ施設の機能について―水産生物との共存について―，第60回（平成28年度）北海道開発技術研究発表会.

大束淳一・須田誠・村上泰啓（2008）：日高・胆振地方の海岸変遷と保全の取り組み，平成19年度北海道開発技術研究発表会.

水垣滋・大塚淳一・丸山政浩・矢部浩規・浜本聡（2013）：鵡川海岸の土砂生産源と粒径の季節変化，土木学会論文集B2（海岸工学），Vol.69，No.2，pp.671-675.

内閣府（2012）：平成23年版防災白書.

農林水産省　農村振興局・水産庁・国土交通省　河川局・港湾局（2011）：海岸保全施設の整備と被災状況について．www.bousai.go.jp/kaigirep/chousakai/tohokuk yokun/3/pdf/2.pdf.

国土交通省東北地方整備局仙台河川国道事務所（2017）：仙台湾南部海岸堤防復旧の取り組み．

普代村（2014）：東日本大震災記録誌.

片田敏孝（2012）：命を守る教育，3.11 釜石からの教訓，PHP 研究所.

7 | 海外の流域保全と 水辺緩衝空間

　ここまで、日本と東アジアの河川流域や火山、海岸地域の事例を用いて、安全で豊かな国土を保全するためには、空間的な議論が重要であることを強調してきた。第2章や第4章で述べたように、水辺緩衝空間の議論は、わたしが1988年から1991年まで東アジアにおいて経験したことにも基づいている。当時、お世話になった方々への恩返しの意味も含めて、この議論を広く地道に伝えながら、現場で実践していきたいものだ。そして、少しでも日本と世界の国土保全と環境保全に貢献することができれば幸いである。

　2007年10月、マレーシアの技術者が北海道を訪れた時に、「アジアにおける災害被害軽減対策に関するワークショップ」を開催する機会を得た。ワークショップでは、アジアの国々の洪水被害軽減と国土保全に関する幅広い話題を盛り込むことを目指した。マレーシアの技術者からは、クアラルンプールの洪水災害の歴史と、最近の治水対策について説明があった。また、別な用事で来道していたネパールの研究者にも参加を要請し、土壌および水の保全と災害軽減対策について話題提供をしていただいた。スリランカにおける津波の河川遡上の現地調査について、寒地土木研究所の研究者からの報告もあった。また、在バングラデシュ大使館から帰国した行政官からは、洪水予警報の技術援助について興味深い話が聞けた。

　マレーシアの技術者は、石狩川の砂川遊水地と釧路川の遊水地に興味を持ち、自国の担当官たちを連れて視察をしたいと希望していた。彼も河川技術者として、河川流域を治めるためには空間的な余裕が大事であると考えていたようだ。残念ながら、遊水地の視察は実現できなかったが、ワークショップを通じてアジアの氾濫原管理の議論ができ、その後の共同研究に向けた話し合いのきっかけとなった。

本章では、水辺緩衝空間を活用した国土保全と環境保全について、国際的に議論を広めてきた経緯と、その過程で得られた海外の取り組みの事例について述べたい。残念ながら、マレーシアとの共同研究については、3年ほどで打ち切りになってしまったが、とても意義深い経験ができた。今後も、このような議論が深まり、いろいろな流域で問題解決に向けた取り組みがさらに進むことを祈っている。

　また、水辺緩衝空間の議論の参考になる取り組みは、他の国々でも実践されている。特にオランダでは、「Room for the River」と名付けられた国家プロジェクトを通じて、河川に空間的な余裕を増やしていく努力が進められてきた。このプロジェクトはオランダ独自のものであるが、その目的と手段は、わたしたちが進めている研究や取り組みと、ほぼ同じである。わたしは、以前からこのプロジェクトに興味を持っており、オランダの関係者のおかげで、2014年に現場視察の願いをかなえることができた。

7.1 ｜ マレーシア国のクラン川とムアル川流域

　2007年に開催した「アジアにおける災害被害軽減対策に関するワークショップ」を契機に、寒地土木研究所とマレーシア水資源省かんがい排水局との共同研究に向けた議論が始まった。

　2008年2月には、「遊水地の水理学的機能と維持管理に関する会議」と講演会、そして現地調査を行うために、寒地土木研究所と水災害リスクマネジメント国際センターの研究者チームがマレーシアを訪れた。本章の冒頭で紹介した、マレーシア水資源省の技術者は政府職員を退官していたが、マレーシア政府との調整に尽力してくれた。共同研究の最初の会議は、水資源省のかんがい排水局長が主宰し、クアラルンプールにおいて行われた。また、現場の視察を行った後に、マレーシア南部ジョホール州のトゥン・フセイン・オン・マレーシア大学で、講演会が開催された（**図 7.1.1**）。

　マレーシアの首都クアラルンプールは、「泥が合流する場所」という意味を持ち、クラン川と合流するゴンバック川などの支川が、錫の採掘で濁っ

図 7.1.1　マレーシア位置図

　ていたことから名づけられたという。クアラルンプールは川の合流点に位
置し、歴史的に洪水の被害を受け、首都を守るために治水事業が続けられ
てきた。しかし、クアラルンプールを貫流するクラン川の治水対策は、市
街地の発展や交通網の整備に追いついていないようで、空間的な余裕が不
十分に見えた（**写真 7.1.1**）。
　クアラルンプールでは、SMART プロジェクトという、治水事業と道路
事業を組み合わせた対策が実現していた（**図 7.1.2**）。これは、Stormwater
Management And Road Tunnel（洪水管理とトンネル道路）を略した
名称である。普段は高速道路として機能している地下トンネルを、豪雨時
には洪水調整池として利用する対策だ。クアラルンプールのクラン川・ゴ
ンバック川の流域では、ダム事業や河川の拡幅、遊水地、放水路などの治
水対策が進められてきた。しかし、空間的な余裕が不十分なせいもあって、
地下トンネルを利用した洪水調節を行う必要が生じた。そして、通常時は
自動車専用道路として利用されている地下トンネル（**写真 7.1.2**）の一部
も、必要に応じて調整池として活用されることが決まり、兼用施設として

完成している。

　SMART プロジェクトは、クアラルンプールの名前の由来になった、クラン川・ゴンバック川などの合流部の常襲浸水区域の被害軽減のための

写真 7.1.1　クアラルンプール市街地を流れるクラン川

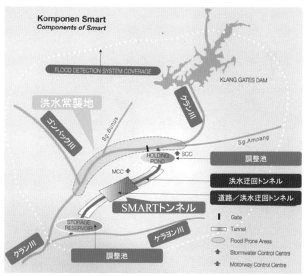

SMART プロジェクト説明図に加筆

図 7.1.2　SMART トンネル概要図

事業である。クラン川からの流入口には、調整池が設けられており、市街地に降った雨が集められ、洪水の恐れが高まると SMART トンネルに流下させる仕組みである。まずは、交通に使われていないトンネルに洪水が導かれるが、大洪水が長期にわたる場合には、自動車専用道路の部分も洪水調節に利用される（**図 7.1.3**）。

SMART プロジェクトの総貯水容量は、流入口と流出部の調整池（**写真 7.1.3**）、トンネル部を合わせて 300 万 m³ とされている。そのうち、自動車専用道路と兼用される部分の容量は総貯水容量の約 8% の 25 万 m³ である。SMART トンネルの最下流部では調整池で流況を安定させたうえで、ケラヨン川に合流させる構造になっている。

2009 年にマレーシアを訪れた際には、水資源省かんがい排水局で共同研究の打ち合わせを行った後に、ムアル川の現地調査を行うことができた（矢野・吉井・渡邊，2009）。ムアル川はクアラルンプールから 200km ほど南西部でマラッカ海峡に注いでいる蛇行河川である（**図 7.1.4**）。共同研

写真 7.1.2　SMART トンネル自動車入り口

究に同行した北見工業大学教授が、ムアル川の大きく蛇行している河道の
視察を強く希望し、行程に組み込むよう提案した。河川を管理しているマ
レーシアかんがい排水局は、その提案を快く受け入れ、河川管理用モーター

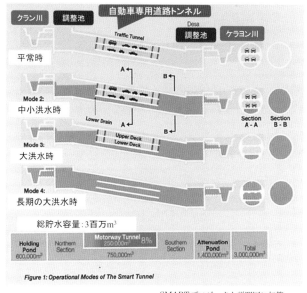

SMART プロジェクト説明図に加筆

図 7.1.3　SMART トンネルによる洪水調節

写真 7.1.3　SMART トンネル洪水流入口の調整池

ボートで案内してくれることになった（**写真 7.1.4**）。

　視察に先立って、かんがい排水局ムアル地方事務所において、所長から現地の状況とムアル川の洪水被害の説明を受けた。ムアル川流域には、洪水氾濫原にムアルをはじめ複数の町が広がっており、2006 年と 2007 年の豪雨と高潮により深刻な洪水被害があった。特に 2006 年の大洪水の際には、流域の広範囲にわたって氾濫し、3 か月にわたって浸水が続き、大被害が生じた。

　ムアル川の中下流部の河道は大きく蛇行し、河床も氾濫原も勾配が緩いため、洪水時の流速は極めて小さく、洪水疎通能力が低い。また、感潮区間が河口から 100km にも及んでいるとのことで、高潮時には河川水位も大きく影響を受け、洪水氾濫を助長することになる。

　平面的には、ムアル川の河道は、日本の蛇行河川にも似ていて、日本で行ってきた捷水路工事が効果あるようにも思える。しかしムアル川は、河川勾配が極端に緩いため、蛇行した河道の直線化による河川流速の変化はそれほど大きくない。ムアル川においても部分的にショートカットした箇所があったが、ほとんど滞留して流れていないように見えた。

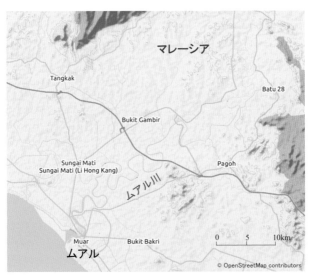

図 7.1.4　ムアル川位置図

写真 7.1.4　ムアル川ボートによる現地調査

　ムアル地方事務所長は、2006 年・2007 年洪水を経験して、流域の洪水氾濫が近年激化し、被害がより深刻になっていることを心配していた。降雨量と洪水流量、氾濫水量などの変化を確認して比較する必要があるが、氾濫原の土地利用変化が氾濫被害の増加に影響しているように思えた。ムアル川流域の氾濫原の一部は市街地化が進み（**写真 7.1.5**）、またパームヤシのプランテーションが拡大しており（**写真 7.1.6**）、河川への流出率が増加している恐れがある。

　以前は、洪水氾濫原に湿地や森林が広がっており、あるいは水田として利用され、降水はある程度流域内に貯留されてから河川に流出していたはずだ。市街地やパームヤシのプランテーションに変わってからは、迅速な排水が求められ、河川への流出が集中するようになった恐れがある。パームヤシは短期の冠水でも根系が腐りやすいため、プランテーション内は排水路整備が徹底されている。

　2009 年のムアル川に関する調査は短時間の視察と聞き取りだけであり、洪水被害の拡大の状況と原因が確認されたわけではない。それを解明するためには、さらなる調査と研究が必要である。わたしたちは、「氾濫原管理と環境保全に関する研究」と題して、日本とマレーシアにそれぞれモデ

写真 7.1.5　ムアル川河畔の集落

写真 7.1.6　ムアル川河畔のパームヤシプランテーション

ル流域を決めて、共同研究を行うことを提案していた。クアラルンプール
の様な都市型の氾濫原と土地利用が変化しているムアル川流域の氾濫原の
研究は、共同研究のテーマとしてもふさわしいと考えていた。

　しかし、2009 年以降マレーシア政府との議論は進まず、わたしたちの
活動も勢いを失って、共同研究は途絶えてしまった。マレーシア政府水資
源省かんがい排水局の範囲を超え、プランテーションなどの土地利用問題、
農業政策、貿易にも関わることから、提案は受け入れられなかったのかも
しれない。2009 年 4 月にマレーシアかんがい排水局の技術者 OB の友人
が亡くなったことも、大きな悲しみであり、痛手であった。

　氾濫原管理という課題について、アジアの各国が協力して、具体的な流

域の調査研究をもとに議論することが重要だと常々考えてきた。台風委員会事務局で勤務していたころから、わたしは努力してきたつもりだが、十分な議論には至っていない。自分自身の力不足を感じながらも、これからも貢献していきたいと願っている。

7.2 国際地形学会議における研究発表とスロバキア国の事例

2009 年 7 月に、オーストラリアのメルボルンで第 7 回国際地形学会議が開催され、「石狩川流域における水辺緩衝空間を活用した洪水氾濫原管理に関する研究」について発表する機会を得た（水垣・村上・吉井，2009）。本書の第 2 章の石狩川の水辺空間の減少、洪水被害とその治水対策、第 3 章の水辺緩衝空間拡大と活用による洪水被害軽減効果などは、この発表に基づいたものである。

国際地形学会議は 4 年に一度世界各地で開催され、様々な現地見学会も組み合わされて、具体的な議論のできる貴重な機会である。議論されるテーマは多岐にわたり、2007 年には 37 のテーマ別セッションが設けられ、460 件の口頭発表と 395 件のポスター発表が行われた。参加する前には、地形学という名称から、本書が対象としている問題よりも、はるかに空間スケールも時間スケールも大きいテーマを対象にしている会議だと想像していた。しかし、会議の中で最も大きなセッションテーマが「河川管理」であることに驚かされた。わたしは、その最も大きなセッションで、上記のテーマについて発表させていただいた。

わたしは会議において、石狩川の洪水氾濫原管理における水辺緩衝空間の意義について説明した。参加者の中には、石狩川の治水と洪水氾濫原の変化について、興味を持った方もいらっしゃったようだ。ニュージーランドの研究者からは、石狩川の捷水路工事実施後の河道の安定性について質問があった。捷水路工事で直線化された流路は、河床勾配が急になって流速が高まることにより、侵食が激化する恐れがある。この質問に対して、

日本の研究者も注目しているところであり、今のところ河道の安定が確認されているが、注意していく必要があると答えた。また、オーストラリアの研究者からは、著述中の書籍に掲載する目的で、石狩川洪水氾濫原の捷水路と河跡湖の写真（**写真 2.1.1**）の提供を依頼された。

第7回国際地形学会議には、世界各国から様々な分野の研究者や技術者が参加しており、わたしは同じホテルに宿泊していたスロバキアの地形学の研究者と頻繁に意見交換する機会を得た。彼は、スロバキア科学アカデミー地理学研究所に勤め、東・中央ヨーロッパの地理学・地形学の研究交流にも意欲的に活動していた。

スロバキアの研究者は、わたしが国際地形学会議において説明した日本の河川流域の緩衝空間に関する研究に興味を示し、彼の研究仲間にも紹介したいと言ってくれた。そして彼は、2010年7月にスロバキアの地理学研究所において小規模講演会を企画して、わたしを招待してくれることになった。その要請に基づいて、わたしは国際地形学会議で発表した内容に加えて、日本の河川の状況について講演させていただいた。また、それに合わせて、スロバキアの河川流域の状況についても視察する機会を得た（吉井・渡邊, 2010）。

スロバキアの講演会と現地視察には、北見工業大学の教授も同行し、現場を見ながら幅の広い議論をすることができた。この教授は、2002年に「欧州における川の自然再生への取り組み事例調査」として、スロバキアのモラバ川蛇行復元について視察した経験もあり、2度目のスロバキア訪問であった（渡邊, 2002）。

スロバキアでは、ヴォルガ川に次ぐヨーロッパの長大河川、ドナウ川を視察することができた（**図 7.2.1**）。ドナウ川は、ドイツ南部に源を発し、10か国を縫いながら東へと流れ、黒海へと注ぐ、流域面積約 817,000km^2、流路延長 2,860km の国際河川である。スロバキアを流れるドナウ川には、舟運と水力発電のための3つのダムが建設され、貯水池を繋ぐ人工的な流路が整備されている。ダムには舟運のための閘門が設置され、河川流路には航路標識が目立っている（**写真 7.2.1**）。人工的に直線化された流路の南側には、旧流路が網状に残され（**図 7.2.2**）、本川から環境用水が供給され

ている。旧流路は河畔林の中を緩やかに流れており、昔のドナウ川の風景が残されているように感じた（**写真 7.2.2**）。

　スロバキア国内のドナウ川は、旧流路を残したまま新水路が掘削され、堤防で守られており、石狩川の捷水路工事と築堤工事にも似ている。1909

図 7.2.1　スロバキア位置図

2010 年 7 月 21 日撮影

写真 7.2.1　ドナウ川の河道と航路標識

図 7.2.2　ドナウ川の流れ

年に岡崎文吉は石狩川の治水計画調査報文の中で、出水に際して在来の迂曲した流路と相まって洪水を疎通させる放水路を計画し、現河道をそのまま維持することを提案した（岡崎，1909、山口，1996）。この計画は、後に捷水路工事に置き換えられ、元の河道は河跡湖として切り離されることになった。岡崎文吉は、元の河道を舟運として利用することを提案しており、新水路を舟運に利用しているドナウ川の河川整備とは異なっている。また、石狩川の支流である豊平川の堤防が、1881 年（明治 14 年）に初め

写真 7.2.2　ドナウ川の旧流路

て築造された時、その模範になったのがドナウ川だといわれている。北海道とヨーロッパの治水事業の歴史的な繋がりの深さに改めて驚かされた。

　その後わたしたちは、スロバキアの象徴として国旗にも描かれ、国歌でも歌われている、タトラ山脈を視察する機会を得た。タトラ山脈は、2004年にフェーン現象による強風で 12,000ha に及ぶ人工林が壊滅し、山地と流域の荒廃が懸念されていた。わたしたちが訪れた 2010 年 7 月には、かろうじて残された散在する樹木と、風倒木処理後の切株が見られ、ピンクの花をつけた草本が目立っていた（**写真 7.2.3**）。草本の中には、カンバ類の幼木が多く侵入しており、将来カンバ林になることが想定された。

　2004 年 11 月 19 日に発生した暴風は、場所によっては 190km/時（50m/秒以上）に達して斜面をかけ下り、約 12,000ha の森林を破壊した（Christo Nikolov ほか，2014）。それによる森林被害の材積総量は 250 万〜300 万 m³ と見積もられ、そのうち約 165,000m³ の木材が整理されずに斜面に残されている。被災を受けた森林は、主にノルウェートウヒで、ヨーロッパカラマツとカサマツも混ざっていた。中央ヨーロッパにおいては、10 月以降の秋に 60 マイル/時（約 100km/時）以上の風が吹くと、常緑針葉樹は根返りを起こして倒れやすいとされている（Peter Wohlleben, 2016）。

　案内してくれた研究者の説明によると、壊滅した針葉樹の人工林は、暴

写真 7.2.3　タトラ山脈の森林破壊跡地

風などに弱いことが指摘されており、スロバキア政府としては広葉樹を主体とした、より多様性のある森林を目指すとのことだった。落葉広葉樹は、倒木を避けるために、秋に落葉するよう進化したといわれており、広葉樹を主体とした森林は、暴風被害を軽減するためにも望ましいと思われる。

　2010年に現地視察した時点では、破壊された森林から流下する渓流沿いには、宿泊施設とみられる建造物があり、被災した様子は見られなかった（**写真7.2.4**）。しかし、多くの建造物は、谷地形の中に集中しており、周辺には過去に流路が変動した痕跡も見られ、洪水や土砂災害による被災拡大が懸念された。特に、強風などで荒廃した森林地域においては、水文環境や斜面の耐侵食性が大きく変化する恐れがある。北海道においても、1954年の洞爺丸台風や2004年の台風18号など、風倒木が大量に発生した事例があり、その後の山地荒廃や出水・土砂流出への影響も深刻であった。

　建造物の集中している地域から渓流に沿って1kmほど下流では、河床低下や河岸決壊が激化しており、橋梁の橋台裏部が侵食されていた（**写真7.2.5、7.2.6**）。この河床変動は、森林荒廃による水文環境変化に起因している可能性があり、河床低下が上流へと伝播していく恐れがある。わたしたちは、案内をしてくれたスロバキアの研究者に、その後の洪水と土砂災害被害拡大の危険性を指摘したが、彼は気にしていない様子だった。

写真7.2.4　タトラ山脈荒廃地から流れる渓流沿いの住居

本書をまとめるにあたり、その後のタトラ山脈の状況について確認した
ところ、2018年に深刻な洪水災害が発生したことが分かった（Richard
Davies, 2018）。この記事によると、2018年7月18・19日にタトラ山脈
の複数箇所で48時間に160mmを超える豪雨があった。消防当局の発表
では、Studeny Potok渓流が氾濫し、流域の村に住んでいた274人が、
地方自治体の建物や小学校に避難した。また、流域に架かっていた橋梁が
出水によって破壊されたと報告されている。この記事に添付されている写
真をみると、2010年に撮影したロッジや橋梁に似た施設が被災していた。
明確な位置関係は確認できなかったが、2010年に洪水や土砂災害の危険

写真 7.2.5　タトラ山脈から流れる渓流下流部の荒廃状況

2010年7月22日撮影

写真 7.2.6　タトラ山脈から流れる渓流の橋

性を指摘した箇所、もしくはそれに近い場所において 2018 年災害が発生したようだ。

また、2004 年のタトラ山脈の暴風による森林被害の後に、虫害による被害拡大が報告されている（Christo Nikolov ほか，2014）。2004 年の森林被害で木材が整理されずに残されていた場所で、キクイムシが大発生し、記録に残っているスロバキアの歴史上、最も深刻な被害となった。そして、2008 年から 2011 年にかけてのキクイムシによる被害は、暴風による被害を上回ったとされている。トウヒ類の森林におけるキクイムシの大発生は、特に風倒などの大規模な被害がきっかけとなるといわれており、スロバキアでも森林被害が激化してしまったようだ。

ここまで述べたように、2010 年にわたしたちがタトラ山脈を視察した際に、危険性を指摘した地域で、実際に洪水が発生してしまった。それは 2018 年の 7 月の豪雨が引き金となったが、2004 年に起こった暴風による大規模な倒木とそれに引き続くキクイムシによる森林被害が影響していた恐れがある。2004 年の森林破壊をきっかけに、地表が荒廃して保水性や耐侵食性が弱まり、豪雨による出水が沢地形に急速に集中し、大規模な洪水被害に発展したと考えられる。

森林は、ある規模までの降雨に対しては地表への到達を遅らせ、森林土壌の保水性と浸透性により表流水の集中を緩和する機能を持っている（Peter Wohlleben, 2016）。その機能が森林破壊により低下すると、このような洪水災害が発生する恐れがある。森林は降水に対する緩衝機能を持っており、それが損なわれると下流域へと影響が伝播するため、それに代わる緩衝空間が必要となる。タトラ山脈の場合は、荒廃した森林と生活空間との間、もしくは渓流沿いに水辺緩衝空間を設定することにより、洪水や土砂災害を軽減することができる。

2004 年の風倒木被害後のキクイムシの大発生に関して、別な意味で緩衝空間の必要性が指摘されている（Christo Nikolov ほか，2014）。トウヒ類の風倒木の虫害被害が近隣の森林に拡大することを防ぐために、300m の幅の緩衝空間設定が必要との提案である。森林の虫害による被害を軽減し、山地地域の環境保全を図るためにも、緩衝空間の確保が求めら

れている。

7.3 │ オランダ国の「Room for the River」プロジェクト

　2014 年 8 月から 9 月にかけて、わたしはオランダを訪れ、以前から興味を持っていた「Room for the River」について議論する機会を得た。2013 年の 12 月から、寒地土木研究所に研究交流で訪れていたギリ博士（オランダの Deltares という水理研究所のアドバイザー／技術顧問）が、Deltares における講演と議論、そして現場視察に招待してくれた（吉井・柿沼・川村，2015）。

　オランダの国土は、ライン川、マース川、スヘルデ川の 3 大河川が海に注ぐデルタ（三角州）に位置し、河川の堤防と海岸の砂堆や防潮堤がなければ、国土の 3 分の 2 は浸水するという。そのため、オランダでは国土と水の管理において洪水対策が最重要な施策となっている（**図 7.3.1**）。

　2007 年にオランダ政府は、将来さらに深刻な洪水が頻発する恐れがあるとして、「Room for the River」という計画を国家プロジェクトとして決定し事業を進め、2018 年に完了した。このプロジェクトは、出水や高潮によって河川水位が大きく上昇する洪水が生じても、国土を安全に管理できるように、河川に空間的な余裕を与えることを目指している。「Room for the River」プロジェクトにおいて大事なことは、洪水氾濫原の中で守るべき区域の安全のために、危険度の低い自然な氾濫区域を適正に保全することである（Dutch Water Sector, 2019）。

　このプロジェクトでは、自然にできている洪水氾濫原を保全することにより、次の 3 つの目的を果たすとしている。1 つ目は、2015 年までにライン川の支川の洪水流下能力を 16,000m^3/sec とし、洪水被害なしで対応できるようにする。次に、安全性を高める対策と同時に、河川流域の環境の質を向上させる。そして、河川にさらなる余裕を与えることにより、数十年後に予測される気候変動による洪水流出の拡大にも対応できるようになる。

図 7.3.1　オランダの「Room for the River」プロジェクト実施箇所

　プロジェクトの中で河川空間を拡げるために、オランダ国内の 30 箇所以上の現場で事業が行われてきた。それらの事業は、さらに近隣地域の住環境などの改善にも貢献するよう工夫されている。具体的に河川空間に余裕を持たせるための方法として、次にあげる 9 つの対策が用いられている（**図 7.3.2**）。すなわち、高水敷の切り下げ、低水路の掘り下げ、貯留能力の拡大、堤防の移設、水制工の切り下げ、洪水放水路の設置、輪中堤の改修、障害物の撤去、堤防強化である。

　「Room for the River」プロジェクトは、公共施設・水資源省（Ministry of Infrastructure and Water Management）が中心となって、地方自治体や水資源に関する組織など 19 の関連機関が協力して進められてきた。

　2014 年のオランダ訪問では、わたしは Deltares におけるランチタイム講演の機会を得て、100 人以上の研究者や技術者の前で講演させていただいた（**写真 7.3.1**）。講演は、「寒地土木研究所の概要と河川流域管理のプロジェクト」と題して、特に石狩川の水辺緩衝空間の議論が「Room for the River」と非常に似ていることを強調した。石狩川の治水事業に伴っ

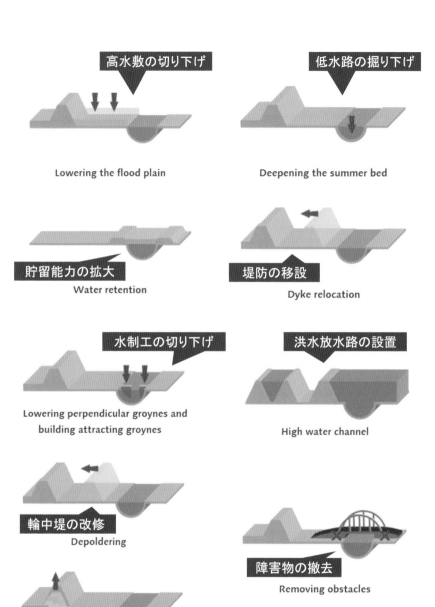

高水敷の切り下げ

Lowering the flood plain

低水路の掘り下げ

Deepening the summer bed

貯留能力の拡大

Water retention

堤防の移設

Dyke relocation

水制工の切り下げ

Lowering perpendicular groynes and
building attracting groynes

洪水放水路の設置

High water channel

輪中堤の改修

Depoldering

障害物の撤去

Removing obstacles

堤防強化

Strengthening dykes

Room for the River ホームページより

図 7.3.2　河川空間の余裕を拡大するための対策

て、洪水氾濫原の大部分が日本最大の水田地帯に変貌し、一部は市街地としても利用されるようになった。そして、さらなる治水安全度の向上と環境保全を目指して、大規模な遊水地が建設されている。この氾濫原の変遷と遊水地などの水辺緩衝空間の再生は、「Room for the River」の目指すことと同様である。

　聴講者は、ランチのサンドイッチに惹かれて集まったように思えたが、皆さん熱心に聞いてくださった。講演後には、日本の災害や寒地土木研究所の研究について多くの質問やコメントをいただいた。ランチを楽しみながら、講演内容に興味を持ってくださったようで喜ばしい経験であった。

　2014年8月29日には、ギリ博士とオランダ政府の技術者の案内で、「Room for the River」プロジェクトの現場である、ノードワード地区とワール川を視察することができた。寒地土木研究所からは、わたしと寒地河川チームの研究者が参加し、午前中はノードワード地区を、午後からはワール川の現場を見せていただいた。

　ノードワード地区は、ニューウェ・メルウェデ川に面した4,450haの広大な農地であり、輪中堤の改築と農地の再編を合わせたプロジェクトが

写真 7.3.1　オランダ Deltares におけるランチタイム講演

進められていた。この地区では、1421年から広大な内海の一部が干拓されて農業利用が始まり、自然にできた砂州が牧畜や農地として発展してきた歴史を持っている。その後、18世紀・19世紀の度重なる洪水被害を受けながら、干拓と合わせて、潮位の変化による浸水被害を減じる対策が取られ、1980年代にはノードワードという大きな干拓地が完成した。

2009年から、この地区で「Room for the River」プロジェクトの一環として、5年間をかけて干拓地を再編する対策が始まった。まずは輪中堤で守られていた地域の中央に、大規模な洪水を海まで流下させる放水路が建設された。そして、洪水時には干拓地を遊水地のように利用するために、堤防が一部切り下げられ、流入口と流出口が設置された。

ノードワード地区の放水路は、ニューウェ・メルウェデ川の水位が平常時よりも2m以上上昇した時に機能し、効果的に水位低下させる計画である。放水路によって、ノードワード地区のすぐ上流に位置するウェルケンダムで60cm、その8km上流のホルクムでは30cmの水位低下の効果があるとされている。

ノードワード地区に住んでいた全ての住民は、プロジェクト終了後も住み続け、農業も継続していくことができる。住居の構造と基礎は、25年に一度起こる規模の浸水に耐えることが前提となっており、一部の住居は嵩上げした地盤に移設されて集落が再編された（**写真 7.3.2**）。この地区の80%を占める農地において、持続的に以前と同様な土地利用ができるようにすることがプロジェクトの目的でもある。

また、ノードワード地区の対策において、1905年以降の地形図を参考に地域再編が行われ、ヨーロッパにおいて他にはない、河川と塩水遡上の織り成す水辺空間を再生する計画が立てられた。新しく建設された放水路は、飛来する水鳥たちの休憩地として利用されることが期待されている。そして、堤防の防波効果を強化するために、堤外側にヤナギ類を植栽しており、それによって堤防高が低減できて、景観的にも改善されることも目指している。

次の現地視察は、水制工の切り下げを実施しているワール川の現場であった。ワール川は、ドイツから流れてくるライン川から分岐した派川の一つ

写真 7.3.2　ノードワード地区の輪中堤改修と農地再編対策

であり、北海やロッテルダム港とドイツ各地を結ぶ主要航路となっている。その航路を維持するため、水深を確保する必要があり、低水路の固定を目的とした水制工群が設置されている。

　ワール川では、洪水流下時の水位を低下させるため、堤防の移設、低水路の浚渫、水制工の切り下げなどが行われている。1993 年と 1995 年の洪水時に、ワール川は大洪水を流下させるためには容量が不足していることが明らかになった。特に、ネイヘーメン（Nijmegen）とレント（Lent）に挟まれたワール川の河道は屈曲して狭窄しており、洪水流下のボトルネックになっている。そのため、レントの堤防が 350m 内陸側に移設され、広くなった高水敷上に延長 3km の補助的な流路が掘削された。これによって、ワール川の洪水時の水位は最大 35cm 低下するとされている。

　わたしたちが視察したのは、堤防移設の下流側において、水制工の配置等を再検討し、既存の水制工の切り下げや撤去が実施されている箇所であった（**写真 7.3.3**）。水制工は、河川の流下断面を制限し、流下抵抗を増大させるため、洪水時の水位上昇の原因となる。わたしたちは工事監督のための作業船に乗せていただき、船上から水制工を切り下げている現場を見ることができた（**写真 7.3.4**）。ワール川の膨大な数の水制工は 2016 年ごろには撤去と切り下げが完了するとの説明であった。

　繰り返しになるが、オランダの「Room for the River」プロジェクト

は、日本で行われている治水対策と環境保全、特に本書で強調している水辺緩衝空間を活用した対策にとても似ている。ノードワード地区の輪中堤改築と農地の一部の遊水地利用は、石狩川で進められている遊水地建設と目的も手段も同じである。ワール川の水制工の撤去と切り下げは、石狩川の流下能力を高めるために高水敷の低水路側を切り下げる中水敷造成を思い起こさせる。**図 7.3.2** で表された「Room for the River」の対策は、日本でもそのほかの国においても、治水事業として行われているものである。オランダでは国土を安全で豊かにしていくために、国家プロジェクトとして、他の事業と連携して集中的に実施しており、その姿勢と意気込み

写真 7.3.3　ワール川の水制工

写真 7.3.4　ワール川の水制工の切り下げ

に感銘を受けた。日本においても、国土保全と環境保全を目的として、関係する機関が協力して、総合的な施策が進むことを願っている。

〈参考文献〉

矢野雅昭・吉井厚志・渡邊康玄・Osti Rabindra（2009）：マレーシアにおける「氾濫原管理と環境保全に関する研究」に関わるセミナーと現地調査について，寒地土木研究所月報，No.673.

水垣滋・村上泰啓・吉井厚志（2009）：国際地形学会議（7th International conference on Geomorphology）に参加して，寒地土木研究所月報，No.678.

吉井厚志・渡邊康玄（2010）：河川地形学及び流域管理に関するスロバキアとの研究交流報告，寒地土木研究所月報，No.689.

渡邊康玄（2002）：欧州における川の自然再生への取り組み事例調査報告，北海道開発土木研究所月報，No.593.

岡崎文吉（1909）：石狩川治水計画調査報文附図，北海道庁.

山口甲ほか（1996）：捷水路，北海道河川防災研究センター.

Christo Nikolov, Bordan Knopka, Matus Kajba, Juraj Galko, Andrej Kunca, and Libor Jansky (2014): Post-disaster Forest Management and Bark Beetle Outbreak in Tatra National Park, Slovakia, Mountain Research Development, Vol.34, No.4, pp.326–335.

Peter Wohlleben (2016): The Hidden Life of Trees, Translation by Jane Billinghurst.

Richard Davies (2018): Slovakia-Hundreds Evacuated After Floods in Tatra Mountains, Flood List, the European System for Earth Monitoring, 21 July, 2018.

吉井厚志・柿沼孝治・川村里美（2015）：欧州における河川に関する研究交流活動，寒地土木研究所月報，No.740，2015 年 1 月.

Dutch Water Sector (2019): Case Room for the River Programme, https://www.dutchwatersector.com/news/case-room-for-the-river-programme.

8 | 地域における 水辺緩衝空間の活用

　ここまで、水辺緩衝空間の適切な確保と活用が、国土保全と環境保全に有効であり、地域の貴重な財産にもなり得ることを強調してきた。本章では、水辺緩衝空間の価値をさらに高め、地域の発展に寄与する可能性について論じていきたい。

8.1 | 石狩川流域の遊水地群とその活用

　第2章1節と第3章3節で述べたように、石狩川では、遊水地群として水辺緩衝空間の拡大が進められている。石狩川では、治水事業と農業基盤整備により洪水氾濫原が農地や市街地に変化してきた歴史があり、遊水地群の建設は失われてきた水辺緩衝空間を再生する営みともいうこともできる。

　石狩川の一次支川である千歳川の流域は、中下流部に広大な低平地が広がっており（**図 8.1.1**）、洪水被害に悩まされてきた。石狩川流域の洪水時には、千歳川は合流点から上流約 40km にもわたって、石狩川本川の高い水位の影響を長時間受ける。そのため、堤防が長時間の冠水にさらされ、漏水や法崩れなどの被害を受けやすく、また内水氾濫の恐れも大きい。千歳川流域には、豊かな農業地帯が広がっているが、浸水に弱い畑作が中心のため、洪水時に被害を受けやすい地域となっている（中嶋・久保・小西, 2013）。

　千歳川流域は、ほぼ2年に1回という頻度で水害に見舞われている。1981 年8月上旬洪水時には、石狩川の背水の影響を受け、堤防が漏水や法崩れなどにより被災し、戦後最大規模の洪水被害となった。外水・内水

図 8.1.1　千歳川流域の標高区分図（低平地部）

　による被害家屋 2,683 戸、浸水面積 192km² の被災が記録されている。

　このため千歳川流域では、堤防整備とともに、洪水時の水位上昇を抑え
るため、河道掘削と遊水地群整備が実施されることになった（国土交通省,
2005）。そして、千歳川流域の洪水被害軽減に向けて、国・北海道・地元
自治体から構成される千歳川流域治水対策協議会が設置され、関係機関の
連携による内水対策や流域対策が進められている。

　千歳川の遊水地群は、流域の 4 市 2 町において 6 箇所、千歳川の本支川
に分散して設置する計画であり、洪水調節容量は約 5,000 万m³、総事業
面積は 11.5km² に及ぶ大きさである。遊水地は、河川水位が上昇した時

に、越流する外水を調節するとともに、周辺地域の内水を貯留する機能を持っている。2009年から長沼町の舞鶴遊水地、2010年に恵庭市の北島遊水地、2011年に南幌町の晩翠遊水地と北広島市の東の里遊水地、2012年に千歳市の根志越遊水地、江別市の江別太遊水地と段階的に着工している（**図8.1.2、表8.1.1**）（井田・三浦・大田，2018）。

　千歳川遊水地群のうち、2014年度に完成した舞鶴遊水地は、2009年に遊水地事業として掘削工事が始まるまで、農地として利用されていた。農地になる以前は、馬追沼とその周辺の湿地帯であった。舞鶴遊水地は、一度は埋められて農地になった馬追沼という水辺空間が、また時代の要請に応えて水辺緩衝空間として再生されるという特徴的な事例である。

　遊水地群整備に伴う植物モニタリング調査によると、舞鶴遊水地では完

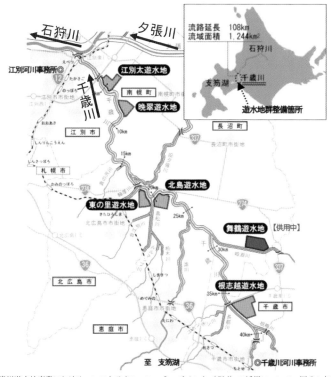

「千歳川遊水地事業におけるコンストラクションマネージメント（CM）の活用について」図-2に加筆
図 8.1.2　千歳川遊水地位置図

表 8.1.1　千歳川遊水地諸元

遊水地名	市町村	完成	面積（ha）	洪水調節容量（万m³）
根志越遊水地	千歳市	2019 年度	280	1,060
舞鶴遊水地	長沼町	2014 年度	200	820
北島遊水地	恵庭市	2019 年度	200	950
東の里遊水地	北広島市	2019 年度	150	620
晩翠遊水地	南幌町	2019 年度	160	540
江別太遊水地	江別市	2019 年度	160	550
		（合計）	1,150	4,540

「千歳川遊水地事業におけるコンストラクションマネージメント（CM）の活用について」より

成前年の 2013 年に、フトイやガマ、ヒメガマなどの多年生抽水植物の群落が形成されていることがわかった（島・小川・村田，2015）。これら多年生抽水植物は、馬追沼に生育していた時の種子が土中に保存され、掘削工事によって生育条件が整って発芽したと推察されている。また、馬追沼周辺に 1955 年（昭和 30 年）頃までは、ツルコケモモやゼンマイといった植物が群生していたとの記録もあり、この地域らしい湿地特有の植物の再生が期待されている。

このような、埋土種子による在来種の発芽・再生を確認するため、遊水地内に試験地が設けられ、研究者と行政の連携による調査研究が始まった。湿地植生の繁茂は環境上望ましいが、枯死して堆積が進むと、遊水地の機能低下に繋がりかねない。あるいは、湿地植生の減少と乾燥化により、ヤナギ類の侵入や陸生草本の繁茂が進むと、遊水地の維持管理にも支障が出る。このような課題を念頭に、湿地環境のモニタリングが行われている。

遊水地は、広大な土地を有しており、平常時の土地や自然環境の活用についても、地域のいろいろな組織の連携による検討が進められている。舞鶴遊水地では、治水機能を阻害しない範囲で、自然環境の保全とともに、農業振興、景観形成などの利活用計画が提案されている。遊水地の中で冠水頻度が小さい区域は上部湛水池と呼ばれ、畜産業の振興、農業経営などを支援する場としての利活用が考えられる。遊水地として掘削されて裸地になった区域は、放置しておくとヤナギ類が侵入して、遊水地としての機

能阻害や維持管理の障害となりかねない。そこで、採草地として利用することにより、ヤナギ類の侵入を抑え、伐採などの維持管理コストの低減に寄与する可能性もある。

　また、冠水頻度の高い区域は、環境教育や学習や、グリーンツーリズム事業に関わる体験や交流の場としても貴重な空間である。上述のように湿地環境が再生されつつある箇所は、北海道開拓当時の石狩低地帯のイメージを彷彿とさせ、自然環境の変化を体感する絶好の場所である。そのため、千歳川河川事務所では、主に小中学生を対象に「千歳川かわ塾」という環境教育プログラムを実施している。かわ塾には、川に対する興味や関心を高めるため、環境調査の体験も盛り込まれている。

　舞鶴遊水地の名称は、タンチョウやマナヅルが生息していた大小多数の沼地や湿地帯があった長沼町の舞鶴という地名からつけられたものである。この地域の開拓によって、タンチョウとマナヅルは姿を消したが、遊水地の湿地環境再生により、タンチョウの生息環境復元が期待されている。2012 年頃から、この地域にタンチョウの飛来が確認されており（**写真 8.1.1**）、タンチョウをシンボルとした地域作りの取り組みが進んでいる。

　国と長沼町は舞鶴遊水地をグリーンインフラと位置づけ、専門家と関係機関と連携して「タンチョウも住めるまちづくり検討協議会」を設立した。コウノトリが生息する地域で育んだ米をアピールする兵庫県豊岡市のように、タンチョウをシンボルとして、長沼町の農産物や観光を売り込むことを目指している。

　石狩川本川中流部では、2012 年から北村遊水地事業が進められている（**図 8.1.3**）。この事業は、石狩川左岸の岩見沢市北部、北村地区の農地約 9.5km^2 を遊水地として利用し、4,200 万m^3 の洪水調節容量を確保する計画である。北村地区の農家は営農継続を希望したため、遊水地内の農地が保全されることになった。地役権補償によって遊水地内で営農を続け（菅野・金子・遠藤，2018）、居住地は遊水地外に移転することが決まった。北村遊水地事業は、洪水対策という河川事業として進められているが、その土地は国が完全に所有権を持つのではなく、平常時は農業利用できる仕組みと制度になっている（北海道開発協会，2018）。

写真 8.1.1　舞鶴遊水地周辺に飛来したタンチョウ

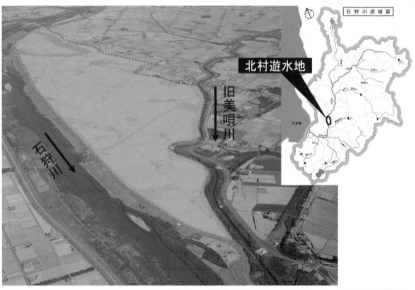

図 8.1.3　北村遊水地

遊水地は、もともと浸水被害を受けやすい洪水氾濫原の一部を活用して、洪水調節を行う施設である。遊水地内は浸水頻度が高まるものの、氾濫原全体の浸水頻度と被害を低減する機能を持っている。石狩川流域では洪水氾濫原を農地や市街地として利用するために、歴史的に捷水路工事や築堤工事が行われてきた。そのおかげで洪水氾濫の頻度は低下したものの、氾濫原の人口や資産が増加して、氾濫した場合の危険度や被害額は拡大した。そのため、洪水氾濫原の一部を遊水地（水辺緩衝空間）として管理することにより、洪水氾濫原全体の安全性の向上を目指すことになった。

そして、その水辺緩衝空間には、洪水調節の機能だけではなく、平常時の農業利用や環境保全のための活用が期待できる。北村遊水地では、地役権の利用により土地所有権は農業者が保持したまま、営農が続けられている。千歳川の遊水地群では、必要な土地は河川区域として国が取得しながら、一部は畜産などの農業振興に活用される予定である。また、石狩川流域で減少してきた湿地環境の再生の試みも進められている。

8.2 | 釧路川花咲かじいさんプロジェクト

第2章2節では、釧路川流域において釧路遊水地が水辺緩衝空間として、国土保全と環境保全に大きく貢献していることを述べた。1920年（大正9年）の釧路市の大水害を契機に、釧路川の新水路開削と、釧路遊水地の周囲堤建設が始まり、先進的な氾濫原管理が進められている。釧路遊水地の周囲堤は、洪水調節機能を強化し、洪水を安全に流下させるとともに、釧路遊水地の乾燥化を防ぐための環境保全にも役立っている。

1993年は、釧路川流域にとって国土保全と環境保全の両方の意味で、とても象徴的な年であった。1993年1月15日に釧路沖大地震が発生し、釧路市は被災し、釧路遊水地と釧路川新水路の堤防も大きなダメージを蒙った。一方で、1993年6月には釧路でラムサール条約締約国会議開催が決まっており、釧路湿原の環境保全について世界の視線が集まることになった。このような国土保全と環境保全の大きなイベントの狭間で始まったの

が、釧路遊水地の周囲堤の在来種による緑化の試みである（吉井・岡村, 2015）。

　1993 年 5 月から、釧路遊水地周囲堤左岸の JR 釧網線の西側約 150m の区間で、緑化試験と調査が始まった（**図 8.2.1**）。従来の堤防斜面は、降雨や流水による侵食から堤防斜面を守るため、芝による被覆が常識であった。芝は斜面を均質な状態で速やかに覆うこと、そして適当な管理を行うことにより、その状態を維持しやすいという性質を持っている。この緑化試験では、芝ではなく在来植生を導入するため、植生が繁茂し表面を覆うまでの間、堤防斜面を保護する必要があった。特にこの工事で用いる堤防用の盛土材料は、火山灰が多く耐侵食性に劣っていた。そこで、火山礫、砕石、金網の組み合わせで表面を被覆し、侵食を軽減する対策の試験が行われた（**図 8.2.2**）。

　1993 年春から秋にかけて、丘陵堤斜面は部分的に降雨により侵食され、

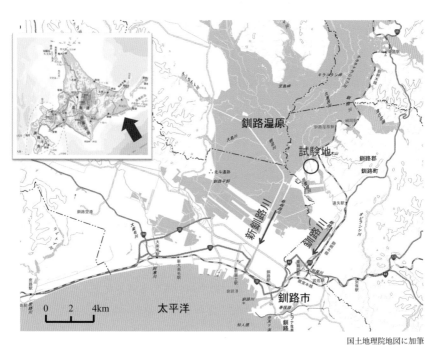

国土地理院地図に加筆

図 8.2.1　釧路遊水地周囲堤植生導入試験地

その土砂が一部湿原に流れ込んだ。1993年6月の降雨量は、平年よりも多かったが、連続雨量（釧路）にして78mm（6月4〜5日）、92mm（6月15〜16日）程度であり、大雨というほどのものではなかった。

　この試験により、堤防斜面は表面保護工なしでは侵食が激しく（**写真 8.2.1**）、砕石で被覆することにより侵食を軽減できることが分かった。当初、堤防斜面に緩やかな凸凹の変化をつけたが、斜面の凹部や表面保護工の境目に表流水が集中してリル（雨裂）形成を助長する傾向があった。また、斜面の下部が侵食され、それが上部方向に拡大する傾向があったので、斜面の基部を押さえる必要性も指摘された。試験の結果を踏まえ、堤防斜面の侵食対策としては、凸凹のない平坦な斜面にし、砕石で被覆し、斜面基部に布団かごなどの対策工を施すことが決められた。

　再生する緑地の将来の目標は、近隣の自然植生を手本とし、丘陵地からつながったイメージと湿原から這い上がるイメージを再生することを目指した。しかし、それにふさわしい植生材料は市場では手に入らないことから、現地で採取できる多様な種類の材料を用いることになった。また、近隣の植生からの自然侵入を促すことにも考慮した。これによって地域的な

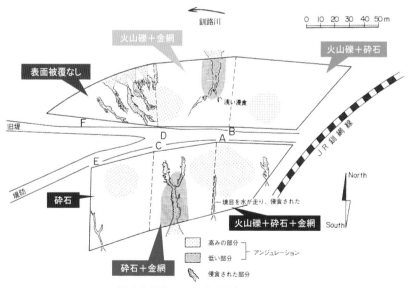

図 8.2.2　釧路遊水地周囲堤試験地表面保護工と侵食状況

写真 8.2.1　釧路遊水地周囲堤試験地侵食状況

遺伝子の攪乱を防ぎ、周辺植生に近い緑地再生が可能となる。工事に伴い発生する掘削土をうまく利用することにより、湿原土壌内に埋もれているタネ、地下茎、根系からの発芽にも期待した。

1993 年の植栽では、試験地に似た環境のハンノキ類の林から、前年の秋に結実して残されたタネを採取し利用した。その方法は、タネを採取し育苗したポット苗植え付けと、採取したタネの直播きである。また、近隣で見られたホザキシモツケ、エゾニワトコ、ノリウツギ、オオヨモギなどのタネを混播し、工事で掘削される湿原地域から採取した表土の活用や、ミヤコザサのブロック移植も実施した。

1993 年 5 月に植栽を行った植生の定着状況について、同年 11 月に確認した結果によると、ハンノキ類については、播種により 350 本が発芽し、その活着率は 1.4％、ポット苗移植は活着率（当初の播種数に対する活着数）が 4.3％であった。ハンノキ類のタネは千粒で 1 グラム程度と軽量であり、そのようなタネの発芽率はそれほど高くないといわれ、その分大量に生産されることで繁殖力が維持されている。

また、その他の植生も半年の間に良好に定着していることが確認された。

埋土種子散布では種の同定まではできなかったが、スミレ類を含む草本類が1箇所につき5種類ほど発芽しているところもあった。オオヨモギなどの混播箇所も48本発芽していた。ミヤコザサのブロック移植も良好に活着しており、ブロックに入っていた他の草本類も成長していた。ヤナギ類の埋枝工は90%以上の活着率で40cm以上伸びているものもあった。

釧路川における植生導入は、現地に生育する植物種で、近隣にある植生材料のみを使うため、手間がかかるものであった。植生材料は市場で手に入るものはほとんどなく、その育成から導入まで時間も手間もかかるので、地域の方々の参加なしには継続できない。タネ播き、埋枝工や挿し木、苗作り、植栽などの作業は危険が伴わず、子どもたちの興味を引くことから、市民参加を促しやすいという面もあった。

釧路遊水地周囲堤における植生再生の実践は、「花咲かじいさんプロジェクト」と名付けられ、1994と1995年には、近隣の方々にも参加していただくようになった（**写真8.2.2**、**8.2.3**）。繰り返しになるが、地域の植生材料を用いて、継続的な取り組みにしていくためには、地域の方々の理解と応援が必要である。

1996年からは、河川管理者である釧路開発建設部と一緒に、釧路町立遠矢小学校が授業として毎年の緑化に参加することになった。2016年のカリキュラムでは、秋の授業で4年生と5年生が小学校周辺の樹木からタネを採取し、そのタネを苗床に植え付けた。そして、春の授業では6年生が育ててきたポット苗を堤防斜面に植え付け、5年生は苗床に育った苗をポットに移して、翌年の植栽に備えている。

遠矢小学校の「花咲かじいさんプロジェクト」は、2017年4月28日の「緑の式典」で、「緑化推進運動功労者」として総理大臣表彰を受賞した。20年以上にわたって延べ5,000人の児童が参加して、釧路湿原の重要性を学びながら環境保全活動を行ってきたことが全国的に評価されたのである。特に、釧路川流域の在来種のタネを集め、苗床作りから植樹まで一連の作業を、継続して実施してきたことが賞賛されている。

「花咲かじいさんプロジェクト」は、釧路遊水地という国土保全と環境保全の調和を目指した特徴的な水辺緩衝空間において、子どもたちが継続

写真 8.2.2　釧路川花咲かじいさんプロジェクト

写真 8.2.3　釧路川花咲かじいさんプロジェクト

写真 8.2.4　花咲かじいさんプロジェクトによる堤防緑化（2017 年 7 月 20 日）

的に緑化に参加する活動である。地域の将来を担う子どもたちにより、地域にふさわしい美しい植生が着実に育っている（**写真 8.2.4**）。

8.3 │ 有珠山「緑はどうなった？」授業

　第 5 章 2 節で述べたように、2000 年有珠山噴火後の復旧・復興の活動の中で、わたしたちは有珠火山防災教育副読本作成に参加する機会を得た。副読本にはいろいろな工夫が盛り込まれ、火山の怖さや噴火対応だけではなく、火山の恩恵についても強調されている。そして副読本中学生版には、火山の周囲に美しい森が再生していることに注目した「緑はどうなった」というページが掲載されている（**図 8.3.1**）。有珠山は 20 年から 30 年ごとに噴火し、そのたびに森林も被害を受けながら、美しい緑として蘇っていることを子どもたちに知ってもらいたい。

「緑はどうなった」のページは、「2000年噴火の際、有珠山の周りの森林は、火口ができて吹き飛ばされたり、熱によって燃えてしまったり、地殻変動や泥流で枯れるなどいろいろな被害を受けました。有珠山の森林は、噴火のたびに、こうした被害を受け、再生してきました」という文章で始まっている。そして、「噴火のたびに破壊される森林」として、森林被害の実態についても記載している。また、「森林が再生する過程」と題し、裸地となった火山周辺の土地に植生が侵入し、再生する様子が、豊富な写真と図でわかりやすく表現されている。

　有珠山火山防災副読本が完成した後、洞爺湖温泉小学校の先生から、「緑はどうなった」の内容を小学生向けの授業にするよう依頼があった。その先生によると、2000年有珠山噴火で自宅も小学校も被災し、避難生

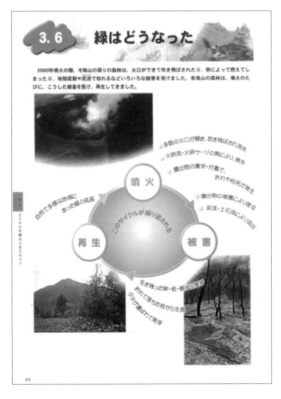

図 8.3.1　有珠山火山防災副読本中学生版「緑はどうなった」

活を強いられ、噴火や火山性地震・泥流を恐れて心にトラウマを持ってしまった子どもがたくさんいるという。そんな子どもたちのために、「再生」というキーワードで授業を企画してほしいという要望であった。火山が噴火しても、大地が張り裂けても、泥流で埋まっても、美しく再生する森林が、子どもたちの救いになるはずだと先生は熱く語っていた。

　洞爺湖温泉小学校は、2000年4月の泥流が直撃し、火山灰に埋まって破壊されており（**写真8.3.1**）、月浦地区に移転が決まっていた。移転先は火砕流や泥流による被害の恐れがない洞爺湖の西岸で、豊かな湖畔林を臨むすばらしい環境にある（**写真8.3.2**）。

　わたしたちは洞爺湖温泉小学校の先生たちの熱意に応え、関係機関と協力して「緑はどうなった？」授業を始めることになった。有珠火山防災教育副読本がきっかけとなって、防災教育と環境教育を組み合わせる試みを実践することになった。

　この授業のねらいは、有珠山の噴火災害と減災対策について知るととも

写真 8.3.1　2000年有珠山噴火で被災した洞爺湖温泉小学校

写真 8.3.2　洞爺湖温泉小学校で実施した「緑はどうなった？」授業

に、噴火によって破壊された森林が美しく再生することを理解することにある。その美しく再生した緑は、多様な動植物の競争と共生により成り立ち、生きていることの実感にも結びつく。また、緑の再生に人として関わり、成長を見守ることは、子どもたちの貴重な経験にもなるはずだ。

　有珠山噴火後の植生侵入を見てみると、特に洞爺湖温泉の近くでは、多様な在来植生の再生には至っていなかった。過去に植えられたポプラやハリエンジュなど、不自然で地域にふさわしくない緑も広がっていた。また、この地域は支笏洞爺国立公園にあり、防災施設の周りも地域に合った自然な緑地として再生することが求められていた。そこでこの授業の中では、近隣の自然林から採取された多様なタネから苗を育て植栽する、生態学的混播・混植法（岡村俊邦，2004、吉井・岡村，2015）を用いることになった。小学校の前に拡がる自然豊かな湖畔林に行けば、多様で地域に合ったタネを採取することもできる。

　一方で、洞爺湖町長から、洞爺湖温泉街に近接する防災施設が居住地に

圧迫感を与えるので、自然に近い緑で覆ってほしいと求められた。洞爺湖温泉街の南側には、泥流災害を防ぐために、大きな遊砂地が建設されている。遊砂地の周囲は鋼製矢板という鉄の板で囲まれ、赤っ茶けた鉄の色が目立っている。その周囲の芝を張った火山灰の斜面は、雨による侵食を受けやすく、施設の維持管理や景観上の問題もあった。そこで、「緑はどうなった？」授業で遊砂地の周囲に森を再生して、町長の要望にも応えることになった。

2004 年 5 月 24 日に、最初の「緑はどうなった？」授業が、洞爺湖温泉小学校の全児童を対象に行われた。授業の中で、2000 年有珠山噴火災害のことを振り返り、噴火により破壊された森林の再生について、パネルを使って説明した。そして、洞爺湖畔の森に入り、長年かけて再生を続けてきた樹林と、その中で育まれている動植物を観察した。また、近隣で採取しておいたハルニレのタネを播く実習も行った。

2005 年からは、「緑はどうなった？」授業として、ほぼ年 2 回ペースで春秋 2 コマずつの授業を継続的に行うようになった。秋の授業では、湖畔林で宝物探しをして、熟しているタネ採りや播種を行い、苗作りに結びつけている。2006 年からは、タネから育った苗を遊砂地の周辺に植えることになった。タネが多く実る秋にはタネ取りと宝物探し（**写真 8.3.3**）、春には現地に植樹を行う（**写真 8.3.4**）プログラムが定着している。

洞爺湖温泉小学校の「緑はどうなった？」授業は、多様な組織が協力することによって成り立っている。もとはといえば、有珠火山防災教育副読本を作成した北海道開発局が、北海道工業大学（現・北海道科学大学）の岡村俊邦教授（現名誉教授）に相談しながら企画したものである。その後、防災の研究も担っている寒地土木研究所も応援するようになった。有珠山の砂防施設を建設し管理している北海道胆振総合振興局室蘭建設管理部も参加し、2016 年からは北海道として企画・運営を担っている。

このような防災教育・環境教育のプログラムは、持続することが重要である。防災教育と環境教育を組み合わせて進めるということが大事なのかもしれない。どちらか一方では、子どもたちと先生たちを長く惹きつけておくことは難しいようだ。防災に関する問題意識を持続的に伝えながら、

写真 8.3.3　「緑はどうなった？」授業における宝探し

写真 8.3.4　「緑はどうなった？」授業における植樹作業

写真 8.3.5 「緑はどうなった？」授業で 2008 年に植樹した箇所

タネ採りから苗作り、現地への植栽という流れができることによって、代々受け継いでいく仕組みとなる（吉井厚志・岡村俊邦，2015）。

「緑はどうなった？」授業により子どもたちの植えた樹木は、順調に生長して、タネをつけ、自ら再生産するようになっている。2012 年の秋には、結実した栗の実を見つけた子どもたちが歓声を上げていた。

有珠山の 1977・1978 年噴火と 2000 年噴火を経て防災のために確保した水辺緩衝空間は、このように「緑はどうなった？」授業として、防災教育と環境教育に活用されている。そして、水辺緩衝空間が子どもたちの手によって自然に近い樹林として再生され、美しい地域の宝物に育っている（**写真 8.3.5、8.3.6**）。

写真 8.3.6　2008 年以降植樹した樹木の成長状況（2015 年）

〈参考文献〉

中嶋克之・久保徳彦・小西英敏（2013）：千歳川治水対策の進捗状況と効果について，平成 24 年度北海道開発局技術研究発表会．

国土交通省北海道開発局（2005）：石狩川水系河川整備計画，千歳川河川整備計画．

井田博也・三浦勝義・大田義博（2018）：千歳川遊水地事業におけるコンストラクションマネージメント（CM）の活用について，平成 29 年度北海道開発局技術研究発表会．

島絵梨子・小川直樹・村田陽子（2014）：舞鶴遊水地の整備後の植生環境について－維持管理を見据えた環境整備－平成 26 年度北海道開発局技術研究発表会．

菅野法之・金子裕幸・遠藤浩和（2018）：北村遊水地事業連絡協議会，平成 29 年度北海道開発局技術研究発表会．

北海道開発協会開発調査総合研究所（2018）：『地域との共生を考える』～北村遊水地事業と地域創生～開催報告，開発こうほう．

岡村俊邦（2004）：『生態学的混播・混植法の理論　実践　評価』，公益法人石狩川振興財団．

吉井厚志・岡村俊邦（2015）：緑の手づくり，中西出版．

9 胆振東部地震災害と水辺緩衝空間

　本書を執筆中に、平成30年北海道胆振東部地震が発生し、北海道は甚大な被害を蒙った。この地震によって総計面積29km²の土砂崩れが発生し、その崩壊面積は、日本で記録が残る明治以降の地震被害として最大規模であった（村上ほか，2019）。胆振東部地震災害では、深刻で複合的な被害が発生しており、災害復旧・復興、そして将来に向けた減災対策においても、大変な苦労を強いられそうだ。

　このような災害の発生を事前に知ることは困難であって、事後に結果論を安易に述べ立てることは、亡くなった方々や被災した方々に大変申し訳なく感じる。たとえ、あらかじめ分かっていたとしても対策を施しておくことは困難である。生産・生活空間の周りに空間的な余裕を確保しておけば被害軽減に役立つであろう。本書では、新たな章を設けて、少しでも復旧・復興、将来の減災対策に役立つことを願いながら、水辺緩衝空間の議論の有効性について検討することにした。

　北海道胆振東部地震は、2018年9月6日3:07に胆振中東部においてマグニチュード6.7の規模で発生し（**図9.1.1**）、厚真町で震度7、安平町とむかわ町で震度6強を観測した。また、札幌市東区、千歳市、日高町、平取町でも震度6弱の震度があり、道内各地で死者42人の人的被害を蒙った。住家被害としては、462棟が全壊し、1,570棟が半壊した。ライフラインの被害も著しく、全道で停電が発生し、最大停電戸数は、約295万戸と報告されている（内閣府，2019年1月28日）。

　厚真町、安平町、むかわ町では斜面崩壊が多数発生し（**図9.1.2**、**写真9.1.1**）、厚真町では36人の人命が奪われた。また、斜面崩壊による社会インフラ等の被害も甚大であり、厚真ダムと建設中の厚幌ダムや水道施設が被災し、道路や送電線などのライフラインも寸断された。また、厚真川

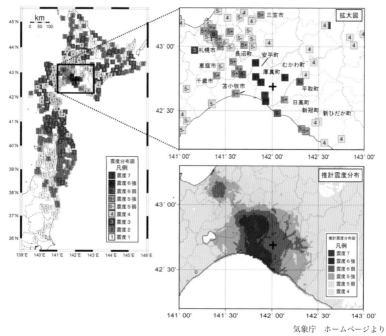

気象庁　ホームページより

図 9.1.1　北海道胆振東部地震震度分布

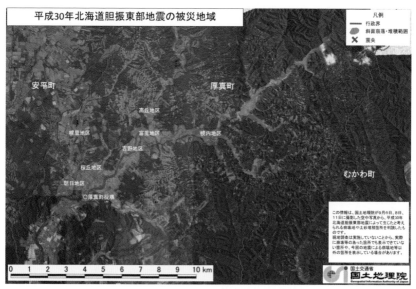

図 9.1.2　北海道胆振東部地震被災地域

写真 9.1.1　北海道胆振東部地震による斜面崩壊

　支川の日高幌内川では、巨大な岩盤地すべりが発生し、河道閉塞による湛水池が形成され、下流の厚真市街地を脅かす状況になった。

　この地震による斜面崩壊のほとんどは、斜面の傾斜に沿って厚く分布していたテフラや土壌等の未固結堆積物の滑りが原因であった（伊東ほか，2019）。テフラとは、火山噴火により火口から噴出し、地表に堆積した火山砕屑物の総称で、火山灰や降下軽石などである。この地域の主なテフラは、下位から約4万年前の支笏降下軽石（Spfa-1）、約17,000年前の恵庭a軽石堆積物（En-a）、約9,000年前から1937年まで4層をなす樽前軽石堆積物（Ta-d、Ta-c、Ta-b、Ta-a）である。

　本章では特に、甚大な斜面崩壊災害が発生した吉野地区と、大規模な岩盤地すべりで河道閉塞を起こした日高幌内川の事例に焦点を当てることにした（図9.1.3）。災害と復旧復興対策の概要を記載するとともに、将来に向けた水辺緩衝空間のあり方を検討した。

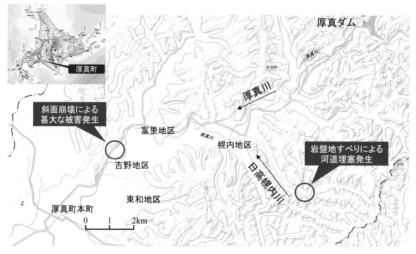

図 9.1.3　厚真町位置図

9.1 │ 厚真町吉野地区の斜面崩壊災害

　北海道胆振東部地震で人的被害が最も大きかったのは、厚真町吉野地区の斜面崩壊によるものであった。吉野地区では、住宅地の背後斜面の延長約 1.5km に渡り連続して崩壊が発生し、斜面直下の家屋と道道 235 号が甚大な被害を受けた（**写真 9.1.2**）。崩壊斜面の標高差は、50〜60m、崩壊前の斜面勾配は 30 度程度であり、浅い谷地形と比較的平滑な斜面であった（小山内ほか，2019、大野ほか，2019）。この地区の地質は、新第三紀の堆積岩が基盤となっていて、その上に約 2 万年前以降のテフラやその二次堆積物、そしてクロボクなど有機質土の互層が見られた。

　写真 9.1.1 に見られるように、厚真町周辺では斜面崩壊が多数発生しており、それを事前に予測して、被害軽減対策を行うことは難しい。しかし、この地域の地質的な脆弱性を指摘した研究もあり、1981 年の集中豪雨により周辺地域で大災害が発生したことも報告されている（柳井，1989）。今回の災害では、未固結のテフラが厚く堆積した斜面に、住居が近接して位置していたために、不幸にも大きな被害を受けてしまった。住居を配置

写真 9.1.2　北海道胆振東部地震による斜面崩壊（厚真町　吉野地区）

する際に、斜面との間に空間的な余裕があれば被災を避けられたかもしれない。もちろんこれは、被災した方々には大変申し訳ない結果論であるが、将来の被害軽減のためにも、確認しておく必要がある。

　厚真町の主要部は、厚真川の洪水氾濫原に位置しており、氾濫原には水田が広がっている。厚真町本町は洪水氾濫原の中央に位置しているが、多くの集落は、洪水氾濫を避けるために、河岸段丘などの若干比高の高い箇所に発展してきたようだ（**図9.1.4**）。胆振東部地震で斜面崩壊による大きな被害があった吉野地区は、ハザードマップによると浸水危険区域と急傾斜地崩壊危険箇所に挟まれた位置にある（**図9.1.5**）。厚真町は良質米を生産することでも有名であり、厚真川流域では洪水氾濫原を水田として活用し、その周囲の河岸段丘上に集落が発展してきたと考えられる。

　吉野地区の集落は、空中写真でも確認できるように（**写真9.1.3**）、1944年にはすでに洪水氾濫原の端部、斜面脚部の河岸段丘上に立地していた。一方で、厚真町本町は交通の要衝として発展しており、1944年当時から洪水氾濫原の中に住宅街が立地していた。厚真川も石狩川などと同様に、捷水路工事により河道が直線化され、洪水氾濫原が農地として開発されてきた様子が分かる。また、捷水路開削で残された河跡湖は、1944年時点

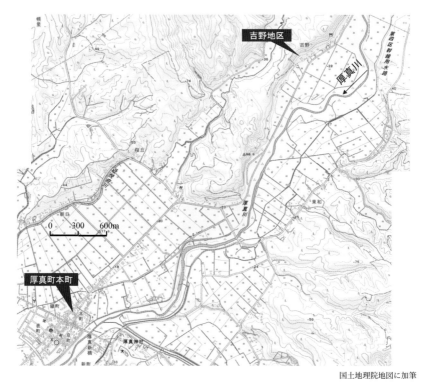

図 9.1.4　厚真川の氾濫原の土地利用

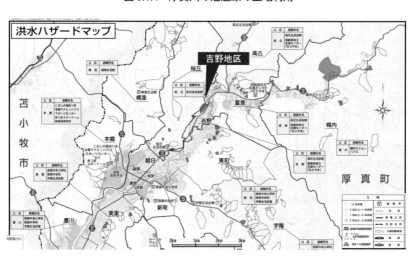

図 9.1.5　厚真町洪水ハザードマップ

9124-C3-77, 79　1944 年 10 月 14 日
国土地理院空中写真

写真 9.1.3　厚真町洪水氾濫原の発展（1944 年）

には残されたままで、農地利用はされていなかった。このような河川沿い
の空間に、洪水に対する十分な緩衝機能があったかどうかは疑問であるが、
空間的な余裕は残されていたように見える。

　その後、厚真川の堤防が上流に延び、2011 年には残されていた河跡湖
などは農地に変貌していった（**写真 9.1.4**）。そして、2018 年の北海道胆
振東部地震発生により、周辺の斜面では大規模な崩壊が発生し、甚大な土
砂災害を蒙った（**写真 9.1.5**）。

　厚真町によると、胆振東部地震の農業被害として、土砂崩れによる農用
地への土砂の流入、農業用機械や倉庫、農業用施設の損壊があった（厚真
町，2019）。農地は 94 箇所、154.7ha の面積で被災し、農業用施設 69 箇
所が破壊されたと報告されている。

247

CHO2011-5-C8-40, 41, C9-36, 37
2011 年 10/19-20
国土地理院空中写真

写真 9.1.4　厚真町洪水氾濫原の発展（2011 年）

CHO201810-C3-8, C4-4, C4-5, C4-7　2018 年 9/6　国土地理院空中写真

写真 9.1.5　胆振東部地震被災直後の厚真町（2018 年）

厚真町吉野地区の斜面の一部は、急傾斜地崩壊危険箇所に指定され、2015年には土砂災害特別警戒区域（急傾斜）および警戒区域に指定されていた（**図9.1.6**）。土砂災害警戒区域は、「土砂災害警戒区域等における土砂災害防止対策の推進に関する法律」（土砂災害防止法）に基づいて指定される土砂災害が発生した場合、「住民の生命または身体に危害が生ずるおそれがあると認められる土地の区域で、警戒避難体制を特に整備すべき土地の区域」である。そして、警戒区域のうち、「建築物に損壊が生じ住民の生命または身体に著しい危害が生ずるおそれがあると認められる土地の区域で、一定の開発行為の制限や居室を有する建築物の構造が規制される土地の区域」が土砂災害特別警戒区域である。

土砂災害特別警戒区域には、法律上特定開発行為に対する許可制、建築物の構造の規制、建築物の移転等の勧告および支援措置が定められている。土砂災害防止法が公布されたのは2000年であり、厚真町吉野地区の指定は上述の通り2015年であった。この法律と指定区域について、理解が深まる十分な時間はなく、既存の住居の移転促進など具体的な対応は困難であったと思われる。

胆振東部地震はマグニチュード6.7という強度で発生し、厚真町では震度7を記録し、記録上国内最大規模の面積の崩壊を引き起こす大災害であった。また、周辺の山地・丘陵地は脆弱なテフラなどの未固結の堆積物に覆

国土地理院空中写真　CHO2018-6-C3-21　2018年9/11

図9.1.6　土砂災害特別警戒区域と胆振東部地震被災地（厚真町　吉野地区）

われていたこともあって、傾斜の緩い斜面も大規模に崩壊した。

　上述のとおり、吉野地区では、洪水氾濫原の周辺部の斜面脚部に位置した住居が、斜面崩壊により破壊され被災した。洪水災害に対しては、河川周辺に空間的な余裕が確保されていたように見えるが、背後の斜面崩壊に対する備えはできていなかった。今回のような災害は、発生する時期と位置と規模をあらかじめ想定できるものではなく、可能性のある全ての箇所に対策施設を施すことは不可能である。せめて空間的な余裕をあらかじめ取っておくことが、現実的な対応といえるかもしれない。

9.2 ｜ 日高幌内川の河道閉塞

　胆振東部地震によって、厚真川本川および支川の日高幌内川において、合わせて 6 箇所の河道閉塞が発生したと報告されている（藤浪・村上・水垣・井波・布川，2019）。このうち、日高幌内川の河道閉塞は、過去に北海道で発生した河道閉塞事例に比べて特に大きく、移動土塊の体積は 500 万m^3 の規模であった（山口・久保・野呂，2019）。地すべりは、日高幌内川右岸で、南北に延びる尾根状の幅約 400m の山体が約 350m 滑動したもので、日高幌内川の対岸斜面に衝突して停止し、河道を埋塞した。河道の閉塞部は延長 1,100m に渡り、元の河床から 50m の比高差で堆積した（図 9.2.1）。

　日高幌内川の閉塞を起こした地すべり土塊の地質は、泥岩・シルト岩を主体とし、緩い勾配の流れ盤構造が見られ、層理に沿って滑動したと考えられている。滑動した土塊の中下部ブロックは、立木が直立したまま一体となって移動し、地表の乱れが小さかった。上部ブロックは、鉛直方向の亀裂で分離したブロックとして残り、二次的な岩盤崩壊を引き起こした（高見智之・橋本修一，2019）。

　この岩盤地すべりにより、日高幌内川は約 50m の比高差で閉塞され、上流 $10km^2$ の集水域からの流水により、湛水池が形成された。この湛水池の水位上昇により河道閉塞部の決壊や越流が危惧されたため、北海道開

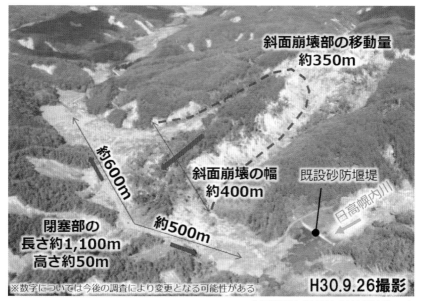

斜面崩壊部の移動量
約350m

約600m

斜面崩壊の幅
約400m

既設砂防堰堤

日高幌内川

約500m

閉塞部の
長さ約1,100m
高さ約50m

※数字については今後の調査により変更となる可能性がある

H30.9.26撮影

北海道開発局「厚真川水系直轄砂防事業」より

図 9.2.1　日高幌内川斜面崩壊による河道埋塞

発局は湛水池の監視体制を整備した。緊急的に設置された監視機器は、下流側監視カメラ（9月12日）、水位計（9月14日）、上流部の水位観測ブイ（9月17日）である。

　北海道知事からの要請もあって、北海道開発局が直轄で日高幌内川の大規模な河道閉塞災害などに対して、緊急的な砂防工事とそのための調査を実施することとなった。北海道開発局は対策の拠点として、2018年10月2日に「厚真川水系土砂災害復旧事業所」を設置し、土砂災害対策を実施することを公表した。直轄砂防事業は、日高幌内川のほかに、チケッペ川と東和川流域が対象となっている。

　日高幌内川の緊急的な対策として、岩盤地すべりによりせき止められた湛水池の水位上昇を防ぎ、安全に排水するため、閉塞土塊の掘削と水路工の開削が行われた（図9.2.2）。掘削土砂は埋塞箇所の上・下流部に盛土され、閉塞土塊の安定化と耐侵食性の向上、湛水池の埋め戻しと湛水規模の縮小が図られた。また、急激な土砂流出を避けるため、水路工下流端には

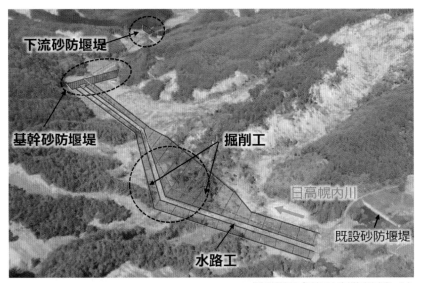

図 9.2.2　日高幌内川直轄砂防事業対策工概要

基幹砂防えん堤が設置されている。水路工は、地質調査の結果を確認しながら、盛土部を避けて対岸側の地山上に設置された。

　基幹砂防えん堤の下流部には、もう一基の砂防えん堤が建設されており、この下流砂防えん堤の上流部が遊砂地として整備される計画である。胆振東部地震により引き起こされた、岩盤地すべり、河道埋塞などの大規模な土砂災害に対応するためには、空間的に広がりを持った遊砂地が適している。遊砂地は脆弱な地質上でも設置可能であり、地表の変動にも柔軟に追随しやすいという利点を持っている。

　日高幌内川で発生したような、大規模な岩盤地すべりと河道埋塞を事前に予測することは困難であったと考えられる。胆振東部地震の発生地点とその規模が予測できなかった上に、地震に伴って発生する土砂災害の位置と規模の予測はなおさら難しい。ただし、今回の岩盤地すべりが発生した箇所の東西方向に隣接して、地すべり地形が確認されていた（**写真 9.2.1**、**図 9.2.3**）のも事実である。滑動土塊の尾根の西側には、崖や凹地が発達する地すべり地形があり、過去にも岩盤が滑動したとされている（高見智

之・橋本修一，2019）。**図9.2.3** のとおり、防災科学技術研究所のハザードステーションにおいても、地すべり地形として公表されていた。

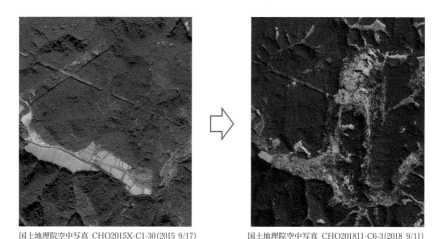

国土地理院空中写真　CHO2015X-C1-30(2015 9/17)　　　国土地理院空中写真　CHO201811-C6-3(2018 9/11)

写真9.2.1　日高幌内川河道埋塞現場の被災前後の空中写真

防災科学技術研究所　J-SHIS地震ハザードステーション　http://www.j-shis.bosai.go.jp/map/

図9.2.3　日高幌内川岩盤地すべりによる河道埋塞

9.3 胆振東部地震災害の復旧・復興に向けた 水辺緩衝空間の保全

　胆振東部地震のような大規模地震の起こる時期と場所を正確に予知し、発生する被害の種類や位置と規模を予測することは困難である。2011年の東日本大震災時の被害についても同様であるが、大規模な地震や津波災害などの発生に備えて対策を立て、被害を完全に防ぐことは不可能だ。

　しかし少なくとも、その経験を元に、類似の自然現象が発生した時に、被害を軽減するための工夫を施しておくことは可能である。被災地の復旧・復興に合わせて、生活・生産空間の配置を再考し、外力を減じ避難に要する時間を稼ぐための緩衝空間配置が重要と考える。ほかの地域においても、過去の災害や各分野のハザードマップを参考にして、少しずつ地域の安全性を高める努力を進めていきたい。

　また、胆振東部地震の被害が拡大した原因は、樽前山や恵庭岳などの過去の大規模噴火によるテフラの存在にもある。全道各地に類似の火山起源の地質が分布しており、地震に伴う崩壊の危険性についても明らかになってきた。また、今回の崩壊でルーズになった斜面が、降雨によって再移動して泥流などが発生する可能性もあり、監視していく必要がある。火山噴火後の不安定になった斜面における土砂の再移動現象については、有珠山や十勝岳において研究が蓄積されており、その成果も参考にしていきたいものだ。

　有珠山の1977年噴火では、細粒分の火山灰が地表を覆ったために、降雨が浸透しにくくなり、表流水がガリーに集まり泥流に発達したことは第5章で述べた。厚真町の崩壊現場を踏査した限りでは、崩壊した斜面には粗い火山礫が目立ち、浸透が阻害されているようには見えなかった。しかし、大規模に地表が荒廃した地域においては、水文環境が変化し、土砂の再移動が活発化するので、今後も警戒する必要がある。

　スロバキアでは、2004年に暴風で山地地域の森林が破壊され、その影響とみられる洪水被害が2018年に発生したことを第7章で紹介した。山地地域の荒廃が下流域に及ぼす影響については、時間的・空間的に解明さ

れていないことも多い。厚真川流域においても、幅広い分野の研究者と関
係する行政機関の連携により、再度災害防止に向けた長期的・総合的な研
究が求められる。

　このような流域全体の土砂移動のモニタリングについては、近隣の鵡川・
沙流川流域で鵡川プロジェクトとして研究が進められている。すでに厚真
川流域においても、鵡川プロジェクトを進めている研究機関が中心となっ
て、調査研究が始まった。大規模な地表変動発生後の土砂移動の実態につ
いての研究が進捗し、今後の対策にも役立つことを期待している。

　厚真川流域において、荒廃した山地地域から流下する渓流や河川の下流
には、砂防えん堤などによる土砂災害防止工事が進められている。この地
域の地形条件や地質条件から、堅固なダムサイトは存在しない。そのため、
谷の出口から下流の斜面や扇状地上に、幅の広い施設が配置されることが
多くなる。このような施設配置は、有珠山や十勝岳のような火山地域や、
豊平川砂防区域や戸蔦別川床固工群において採用され、効果が検証されて
いる。これらの事例を参考に、急激な土砂流出を防ぎ、再移動を軽減する
ための水辺緩衝空間が整備されることを期待したい。

　厚真川の洪水氾濫原では、治水事業と農地開発の進展に伴い、河道が直
線化され、河跡湖が残されている箇所もみられる。地震による荒廃によっ
て厚真川本川への土砂流出が増加し、洪水や土砂移動による下流への影響
が危惧される場合には、河跡湖の遊水地利用も考えられる。石狩川や釧路
川のように、洪水氾濫原に空間的な余裕を確保することは、国土保全と環
境保全のために有効である。将来の流域の災害リスクを低減し、保全の可
能性を将来に委ねるためにも、水辺緩衝空間を活用することを強調したい。

　大規模に崩壊した斜面では、植生が破壊され森林土壌が流失し、森林再
生は困難で長期化するとの指摘も聞かれる。第5章でも述べたように、火
山周辺では、母樹からのタネの供給さえあれば、多様で地域にあった森林
の回復は比較的容易なことがわかってきた。第8章では、2000年有珠山
噴火後に洞爺湖温泉小学校の防災・環境教育として始めた「緑はどうなっ
た？」授業で、防災施設周辺の森づくりが進んでいることを述べた。厚真
川流域においても、復旧・復興の段階で、市民と子どもたちの参加する緑

づくりの機会が生まれることを願っている。

　大規模災害で甚大な被害が発生したことはとても辛いことであるが、これを契機にさらに安全で豊かな地域を目指す試みを続けたいものだ。過去の大規模災害の跡地が美しく安全な町によみがえった事例は多くあり（越澤，2005）、そのように立ち直っていくことが、残された者の責務であるようにも感じられる。

〈参考文献〉

村上泰啓・水垣滋・西原照雅・伊波友生・藤浪武史（2019）：平成 30 年北海道胆振東部地震において発生した斜面崩壊の特徴，河川技術論文集，第 25 巻.

伊東佳彦・山崎秀策・倉橋稔幸・藤浪武史・西原照雅（2019）：斜面災害，平成 30 年（2018 年）北海道胆振東部地震被害調査報告特集号，pp.15-21，2019.

小山内信智・海堀正博・山田孝・笠井美青・林真一郎・桂真也・古市剛久・柳井清治・竹林洋史・藤浪武史・村上泰啓・伊波友生・佐藤創・巾田康隆・阿部友幸・大野宏之・武士俊也・田中利昌・小野田敏・本間宏樹・柳井一希・宮崎知与・上野順也・早川智也・須貝昴平（2019）：平成 30 年胆振東部地震による土砂災害，砂防学会誌，Vol.71，No.5，pp.54-65.

柳井清治（1989）：斜面変動の年代解析による土砂害危険地判別に関する研究，北海道林業試験場研究報告，第 27 号.

山口昌志・久保徳彦・野呂浩生（2019）：平成 30 年北海道胆振東部地震による土砂災害に対する二次災害防止の取り組み，砂防学会誌，Vol.72，No.3，pp.31-37.

大野宏之・武士俊也・田中利昌・小野田敏・本間宏樹・柳井一希・宮崎知与・上野順也・早川智也・須貝昴平（2019）：平成 30 年胆振東部地震による土砂災害，砂防学会誌，Vol.71，No.5，pp.54-65.

厚真町（2019）：北海道胆振東部地震に係る住民懇談会資料，p.4.

藤浪武史・村上泰啓・水垣滋・井波友生・布川雅典（2019）：厚真川水系における河道閉塞，平成 30 年（2018 年）北海道胆振東部地震被害調査報告特集号，pp.27-33.

高見智之・橋本修一（2019）：平成 30 年北海道胆振東部地震による岩盤地すべり災害，平成 30 年北海道胆振東部地震災害調査団報告，日本応用地質学会.

越澤明（2005）：復興計画〜幕末・明治の大火から阪神淡路大震災まで，中公新書.

おわりに

　本書の原稿素案を第8章まで書き込んで、早く出版にこぎつけたいと思っていた矢先に、2018年の胆振東部地震、そして2019年台風19号による大災害が起こってしまった。凄惨な現場の様子が報道されるたびに、災害で亡くなられた方々の御冥福を祈り、被災者の皆様がいち早く日常を取り戻すことを心から願うばかりであった。そして、辛い思いをされている方々のために、何ができるのだろう？　と自分に問いかけていた。

　少なくとも、今のわたしにできること、すべきことは、本書『国土のゆとり』を広めて、少しでも国土保全と環境保全に貢献することだと割り切ることにした。「国土のゆとり」を確保して、将来の自然災害による被害を軽減し、豊かな国土を目指す一歩を踏み出したいと願っている。

　自然災害には、洪水災害、土砂災害、高波や波浪浸食災害、地震や津波災害、火山災害などとても幅が広く、複合的に襲ってくる災害も目立ってきた。それぞれ現場において、対象とする自然災害を想定したとしても、別な災害を蒙る恐れもある。しかし、いずれの災害に対しても空間的な余裕の確保が重要であり、緊急時の対応にも活用できるはずだ。

　わたしは北海道の現場の仕事を通じて国土保全と環境保全に関する技術を学び、東アジアにおいて厳しい現実も目の当たりにしてきた。日本では当たり前の対策が東アジアでは通用しないようなもどかしさも感じ、世界的に通じる対策のあり方について考え込んだ。しかし一方で、汎用性の限界と、条件の異なる現場の特性を活かすことの重要性も実感した。そして、アジアと日本で経験した現場の問題を乗り越えるカギが、空間的な議論にあると思い当たった。

　安全で豊かな国土を目指すには、水辺緩衝空間に注目した空間的な議論が重要であることを繰り返し述べてきた。様々な構造物が災害対策として建設されているが、その基本となるのは国土の空間である。一方で、環境保全は究極の危機管理であり、目指す方向は国土保全と同じはずだ。そし

て、空間的な余裕がない場所では、国土保全も環境保全も全うできない。また、環境保全に配慮しない国土保全対策は、長期的に見て、手戻りが出る恐れが大きい。地球上に住む人々が安全で豊かに過ごすためには、それぞれの地域において国土保全と環境保全を組み合わせる工夫が不可欠だ。

　国土保全と環境保全の取り組みにはゴールがなく、人類が生きている限りは永遠に続く課題である。課題解決のためには、地域の方々と研究者と行政担当者、関係する組織が信じ合って、連携を取って対応していく必要がある。その持続的な取り組みが途切れないように、次世代に伝えて協働していく姿勢を重視していきたい。第8章で述べたような試みは、その持続性を次世代にバトンタッチしていくための実例である。今後も楽しみながら努力を重ねていきたい。

　わたしが現場でお世話になった日本国内、北海道の研究者、技術者、行政官、地域の方々、そして、世界各地の仲間たちに感謝の意を表したい。お礼の意を込めて本書を出版し、北海道・日本・世界の方々の安全で豊かな生活に少しでも貢献できることを願っている。まずは足下から一歩ずつ努力して、仲間とともに成果を確認しながら、より安全で豊かな地域づくりにつながれば幸いである。

謝　辞

　本書の主題である「水辺緩衝空間」は、わたしの恩師である東三郎名誉教授が、北海道大学砂防工学研究室で頻繁に使っていたキーワードである。東先生は 2019 年 12 月ご逝去され、本書を最初に見ていただくつもりが、実現できなかった。感謝の意を込めて、心からご冥福を祈りたい。

　新谷融北海道大学名誉教授には、1995 年にまとめた水辺緩衝空間に関する論文をはじめ、本書で取り上げた現場の仕事や研究においても、多くのご指導をいただいた。ありがとうございました。

　本書のとりまとめに当たり、岡村俊邦北海道科学大学名誉教授にチェックしていただき、貴重なご意見と修正すべき点のご指摘を賜った。また、北見工業大学副学長の渡邊康玄教授には、研究の様々な段階で応援していただいた。お二人のご協力により、なんとか本書の発刊にたどり着けた。この場を借りて御礼申し上げたい。

　また、原稿執筆段階で、土木研究所寒地土木研究所の水垣滋博士、大塚淳一博士から、問題点の指摘などご意見を賜り、内容を深めることができた。北海道庁の南里智之博士からは貴重な資料を参考にさせていただいた。現場と研究の第一線で活躍する仲間から応援を得ることができ、わたしは本当に幸せである。

　ESCAP/WMO 台風委員会事務局勤務時代には、フィリピンの Mr. Juanito E. Lucas と Mr. Gabriel S. Monroy から、国際機関での仕事や海外の情報収集を指導していただいた。また、マレーシアの Mr. Law Kong Fook には、30 年来の友人として、東アジアの治水対策や国際協力について教えていただいた。ご存命のうちに感謝の意をお届けできなくて、とても残念である。

　スロバキアの現地調査は Dr. Milan Lehotsky、オランダ訪問は Dr. Sanjay Giri のご協力により実現することができた。貴重な機会を与えてくださったお二人に感謝の意を表したい。

　桜井亘様、光永健男様、そして国土交通省北海道開発局と関東地方整備局から美しく貴重な写真と図面を提供していただき、本書に掲載することができた。ご協力に深く感謝している。

　本書で扱った現場の対策や研究については、北海道大学、国土交通省北海道開発局、北海道庁、土木研究所寒地土木研究所などの先輩や仲間たちのお力で実現したものである。前向きで地道なご努力に敬意を表したい。

　わたしは（株）ハタナカ昭和と萌州建設（株）で働かせていただきながら、勤務の合間に本書執筆のための諸雑事をこなすことができた。畑中修平社長をはじめ、現場で苦労されている職員の皆様に、この場を借りて、御礼申し上げたい。

　わたしがフィリピンで勤務できたのも、国内外の現場を飛び回ることができたのも、妻の弥生、娘の歩、息子の直がそばにいて元気づけてくれたおかげだ。一緒の生活と旅を楽しんで、くだらない笑い話にも付き合ってくれて、ありがとう。

　広げすぎた大風呂敷をうまく折りたたんで、美しい書籍にまとめてくださった中西出版の皆様に御礼申し上げたい。また、尊敬する半農半画家のイマイカツミ氏の美しい絵で表紙を飾ることができた。ありがとうございました。

筆者履歴

吉井 厚志 （よしい あつし）

1957年2月20日 博多生まれ。その後父親の転勤で東京に移り、小学校3年からは札幌で育った。中学・高校時代はバレーボールにうつつをぬかしていた。

1975年、北海道大学に入学し、砂防工学研究室で恩師の東 三郎先生、新谷 融先生のもとで、土砂災害や砂防技術、森づくりについて学んだ。

1979年4月に北海道開発庁に採用になり、河川・砂防・海岸などの公共事業に関する仕事に携わる。1988年にはESCAP/WMO台風委員会事務局（在マニラ）に水文専門家として派遣され、東アジア諸国の洪水被害軽減のための技術協力に従事する。

1991年に帰国してから、国土保全と環境保全の現場において、行政と研究と地域の方々をつなぐ取り組みを進める。1995年北海道大学から博士（農学）の学位取得。

2015年に土木研究所寒地土木研究所、国土交通省北海道開発局を退官し、みずみどり空間研究所を主宰する。株式会社ハタナカ昭和取締役副社長、萌州建設株式会社最高顧問・最高技術責任者として、現場においても微力ながら国土保全・環境保全にも貢献するつもりである。2017年から2019年まで北海道科学大学非常勤講師を務めており、本書は大学の「環境計画学」の講義資料をベースとして執筆したものである。

国土のゆとり

「水辺緩衝空間」を活用して安全で豊かな国土を目指す

2020 年 8 月 15 日　初版第 1 刷発行

著　者	吉井厚志
発行者	林下英二
発行所	中西出版株式会社
	〒007-0823 札幌市東区東雁来3条1丁目1-34
	TEL 011-785-0737　FAX 011-781-7516
	落丁・乱丁はお取り替えいたします。
カバー画	イマイカツミ
印　刷	中西印刷株式会社
製　本	石田製本株式会社